将来的你，
一定会感谢现在不设限的自己

凉月满天
——著

北京理工大学出版社
BEIJING INSTITUTE OF TECHNOLOGY PRESS

图书在版编目（CIP）数据

将来的你，一定会感谢现在不设限的自己 / 凉月满天著. —北京：北京理工大学出版社，2016.6（2017.8重印）

ISBN 978 - 7 - 5682 - 1981 - 5

Ⅰ. ①将…　Ⅱ. ①凉…　Ⅲ. ①成功心理–通俗读物　Ⅳ. ①B848.4 - 49

中国版本图书馆CIP数据核字（2016）第045192号

出版发行 / 北京理工大学出版社
社　　址 / 北京市海淀区中关村南大街5号
印　　刷 / 100081
电　　话 / （010）68914775（总编室）
82562903（教材售后服务热线）
68948351（其他图书服务热线
网　　址 / http: //www. bitpress. com. cn
经　　销 / 全国各地新华书店
印　　刷 / 三河市兴国印务有限公司
开　　本 / 880毫米 × 1230毫米　1/32
印　　张 / 8
字　　数 / 168千字
版　　次 / 2016年6月第1版　2017年8月第2次印刷
定　　价 / 29. 80元

责任编辑/施胜娟
文案编辑/施胜娟
责任校对/周瑞红
责任印制/边心超

图书出现印装质量问题，请拨打售后服务热线，本社负责调换

序

我们走在马路上，需要红灯停、绿灯行；在单位里工作，要上听从领导，下和睦同事；居家要上孝敬父母，下爱护小孩。这些都是必需的，必要的，为了维持社会和谐运转，每个人都应当如此。

但是，我们的思想也束缚着许许多多的条条框框，有些束缚我们能够感觉得出来，也能够轻易挣脱得出去；有些束缚我们能够感觉得出来，却因为强大的阻力，不容易挣脱得出去，甚至在挣扎、挣脱的过程中，成为既定规则的牺牲品；有些束缚甚至是我们感觉不到的，但是它们却确确实实存在。若是这些规则有助于国计民生，有利于社会和谐，有益于身心康泰，那自然是极好的，怕的就是这些隐形的束缚和规则不但无益于人于己，反而有害于人于己，这就需要打破了。

解放思想，才能百花齐放；打破界限，才能地阔天宽。本书的目的就在于将这些隐性的界限暴露在读者面前，使读者能够一条条地对照检视自己的思想、观念、视角、维度，在引发“自知”的同时，指出破除界限的必要性和方法。必然性不必言说，当然方法是多种多样的。本书也并非人生指南，一定要读者遵从着它亦步亦趋走下去，否则它也就成了需要读者打破的桎梏与界限。即便如此，本书也仍旧有意无意地设置着界限，读它，想它，然后打破它，扩容它吧。

是为序。

目 录

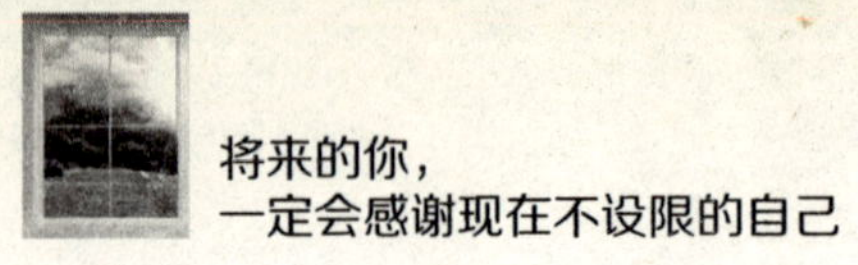

第三辑 要想成功不设限，必须人生不设限

第四辑 要想幸福不设限，必须成功不设限

第五辑　看，你拥有了整个世界

跋：过这样一种生活

第一辑

要想思维不设限，必须心态不设限

心态，即“psychology”，心理状态。它像水一样，每个人既有其相对恒定的特性，又随着具体情况的变化而不断地变化。心态影响人的能力发挥，人的能力又影响人的命运走向。所以保持一个乐观、向上、开放的心态至关重要，就如英国作家狄更斯所言：“一个健全的心态，比一百种智慧都更有力量。”美国发明家爱迪生也说：“登高必自卑，自视太高不能达到成功，因而成功者必须培养泰然心态，凡事专注，这才是成功的要点。”著名的心理学家马斯洛则表达得更透彻、更具逻辑性。他说：“心态若改变，态度跟着改变；态度改变，习惯跟着改变；习惯改变，性格跟着改变；性格改变，人生就跟着改变。”

心态与思维方式联系密切，开放的心态可以带来开放的思维方式。可惜的是我们平时的心态却失之于窄狭，被常规的想法局限，时时把我们带入人生的窄狭境地，甚至是死胡同。所以，当务之急，是把心态的限制打开。

1 不能前进的时候，就后退吧

“坚持”这回事，做到九十九分就可以了，留下一分力气好转身；“执着”这张试卷，答满九十九分也就足够了，留下一分好回头。不能前进的时候，告诉自己：后退吧。转个身，后路天宽地阔。

一个朋友要离家去异地的艺术学院进修，饯行会上，大家你一言我一语，都是鼓励、勉励、激励，只有一个意思，就是坚持坚持再坚持——可是为什么我会觉得不安呢？直到有人语重心长，提出人生四原则：“做人要分四步走：第一，坚持；第二，坚持；第三，坚持；第四，放弃。千万千万，要记得。”一瞬间豁然开朗，我明白了自己究竟在不安些什么。

长久以来，我们的思维都进入误区了，总觉得执着是好的，坚持是好的，百折不挠是最好的，要想达到目的，这是最有力的“捷径”了：只要执着、坚持、百折不挠，就一定能“1＋1＝2”。

哪有这回事呢。

明朝正德年间，朱宸濠起兵造反。王阳明率兵征伐，将其擒获。正德皇帝的宠臣江彬嫉妒王阳明，他便散布流言，说朱宸濠和王阳明是一伙的，王阳明怕朝廷征伐，才抓朱以自保。王阳明就和总督商量，把朱宸濠交给他，说抓获朱宸濠是总督的功劳，由总督面圣，而自己称病到净慈寺清修。总督感念王阳明的好处，面见皇帝时代其陈情，正德皇帝明白了前情后事，王阳明才免了一场不白之冤。

若是王阳明据实直辩，不肯拐弯，谗言面前，别人根本无从分辨你是红心还是黑心。所以这件事情就出现了拐点：王阳明于不可前进之际，退了一大步，避免给皇帝一个“丑表功”的印象，他的功劳由别人说出，反而使他令名更为彰显。

和他相比，汉代大将军韩信就显得十分不聪明。

——可是这个人又十分聪明。当年楚汉相争，项羽是常胜将军，刘邦是“常败将军”，后幸得韩信，替他马上征战，屡建奇功；直到兵围垓下，逼项羽自刎，刘邦坐了江山。可是韩信这个人却不知进退，项羽未死时，就挟功求封，刘邦被迫封他为“三齐王”，即“与天王齐，与地王齐，与君王齐”。项羽死后，刘邦的股肱大臣张良深知“飞鸟尽，良弓藏；狡兔死，走狗烹”的道理，托言辟谷，深山避祸；韩信却不肯激流勇退，结果被吕后和萧何设计骗入深宫遭株，夷了三族，祸根就在不当进时进，当退时不肯退。

生活中，我们总有一种心理叫作“不到黄河心不死，不撞南墙不回头”，其实，到了黄河心死了也行，撞了南墙肯回头也是好的；怕的就是到了黄河心也不死，撞了南墙也不肯回头。

在一次作协会上，我结识了一位文友——花白的头发，皱纹纵横，看不出多大年岁，反正儿子都快大学毕业了。她告诉我，自己从十几岁走上文学之路，到现在“发表了十好几篇文章”，而且这好几十年的工夫，攒了满满两大箱子的手稿，大部分纸页都发了黄，就等着有一天能够大名远扬，以往的这些东西就可以全部拿去发表了。

她一边说，一边拿出厚厚一摞文章让我看：文笔嫩、主题老，用写报告的手法写小说，用歌颂太阳的口吻写散文，居然像这样写了快一辈子，这可怎么得了。

她一边端详我的脸色，一边问：“行不行？好不好？”

我支支吾吾，说还不错。

她受了鼓励，说：“谢谢你！我会一直坚持下去的！”

我吓了一跳，条件反射般地叫道：别！

她的精神我很敬佩，可是爱一个人，爱一件事，爱一个事业，爱到全情投入，那敢情好，但也要有一丝丝的理智，用来衡量值不值得。虽说“将相神仙，也要凡人做”，毕竟不是随便哪个凡人都能出将入相的。所以，不要盲目投入。

她生气了：“老公小看我，孩子也小看我，大家都小看我，连你也小看我！你怎么就知道我得不了诺贝尔文学奖！”

我噎住了。

你看，很多时候，我们的人生就毁在了过分的执着上。所谓“百折不挠”，那是有前提的。不用说，方向错误一定会南辕北辙，可是就算方向正确又怎样？一路冲着顶峰狂奔而去，能不能攀上顶峰先不说，那股不肯左右枉顾的劲儿，会屏蔽掉沿途多少大好风光？

其实，从内心深处来讲，人都是有“自知之明”的，会估量出自己和顶峰之间的距离。可是有时候明知差得很多，仍会受所谓“百折不挠”的蛊惑，拼命往前跑跑跑，心里想着就算到不了顶峰，也是挺悲壮的，为了这份悲壮，累死也值得。

真值得吗？还是在害怕？怕中途放弃会被人笑；怕半路转身自己会悔；怕来怕去，如骑疯虎，下不来了。整个坚持的过程，其实就是在拔河，眼睁睁看着自己的生命像条绳，被抻着，拉着，扯着，拽着，最后断了……

转个身，退回来，有那么不堪吗？

一首禅诗说：“手把青秧插满田，低头便见水中天；六根清净方为道，退步原来是向前。”这首禅诗其实讲的不是“道”，而是“稻”。你见过哪株水稻的根子是裹一团泥巴的？水稻的根都是白白嫩嫩的，稀稀拉拉浸泡在水里。所以说“六根清净”。

所以这首禅诗讲的又不是“稻”，而是“道”。

锐意进取的人，停一下、退一步，又怎么了？

拼命争取的人，放一放、忍一忍，又怎么了？

男欢女爱、情根深种，往前冲；名利场中，紫袍绶带，往前冲；土肥地美，囤满仓流，往前冲……一个劲儿地往前冲，心像滚沸的开水，不清静。试一下，倒退行走在生命的“秧田”里，云水净，莲花开，禾苗绿，稻米香。

所以说，做人总要明智些，适当的示弱、认输、放弃，并没有什么不好。“坚持”这回事，做到九十九分就可以了，留下一分力气好转身；“执着”这张试卷，答满九十九分也就足够了，留下一分好回头。不能前进的时候，告诉自己：后退吧。转个身，后路天宽地阔。

2 不能进攻的时候，就防守吧

人这辈子，犹如缝衣服一般，想把命运缝出自己想要的样子，把梦想缝出自己想要的样子，就得要弯弯拐拐。前进的时候有的那种意气风发、天下英雄舍我其谁的感觉，真来劲。可是这样的时候其实并不多，天下英雄倒多的是蛰伏、防守，以待时而动。

恺撒大帝说：我来，我看，我征服。

真有气势。

相信每个人初入社会，都抱着这样的雄心壮志，想要千军万马，决胜千里；高高在上，唯我独尊。

当初我想学裁缝制衣，还专门拜了师。我蹬着缝纫机一直“哒哒哒”地缝，希望那条线一直直的，永远也不拐弯、不断开，这样多痛快。可是师傅说：你这样是不行的，哪有不拐弯的线呢？缝衣服就是要弯弯拐拐，才能缝出样子，不能快。

人这辈子，犹如缝衣服一般，想把命运缝出自己想要的样子，把梦想缝出自己想要的样子，就得弯弯拐拐。前进的时候有的那种意气风发、天下英雄舍我其谁的感觉，真来劲。可是这样的时候其实并不多，天下英雄一般都是在蛰伏、防守，以待时而动。

越王勾践跟吴王夫差打仗，败北。他吃饭先尝苦胆，睡觉垫着柴薪，吃不香甜，睡不安稳，以求不忘前耻。他为什么不穷全国之力，在战场上拼一个马革裹尸还？不是所谓生得伟大，死得光荣吗？可是他却知道人的一条命活着不易死了易，活着就要忍辱受屈，为的是将来扬眉吐气。不是害怕现在的处境，不过是一种防守的姿态，图的就是东山再起。后来他也果然东山再起，大败吴师。

还有刘备。这个人虽怀壮志，却要人无人，要粮无粮，要枪无枪。归附曹操的时候，天天在自己的府邸种菜，张飞看不上眼，说他是“行小人事”，刘备心里说，“你懂什么”。曹操请他到自己的后花园饮酒，一见他，劈头就说：“你在家做的好事！”吓得他面如土色——因为他已经暗受除去曹操的衣带诏，如今在韬光养晦。结果曹操跟了一句，“玄德学圃不易”，他才放下心来。二人以青梅下酒，曹操与他遍论天下英雄，得出结论却是“今天下英雄，惟使君与操耳”。刘备的筷子掉落在地上：这老小子怎么知道我有图谋天下之志？恰巧雷声震天宇，他借而掩饰：“一震之威，乃至于此。”曹操当他是连风雷都怕的胆小鬼，便一笑而过。

刘备为什么不在曹操指着他和自己说“今天下英雄，惟使君与操耳”的时候，奋然而起，慨然发挥，说果然如此，我也确有坐拥天下之志呢？他不肯，那是找死。再退一步说，刘备为什么不在暗受衣带诏之后，怀揣利刃，前去刺杀呢？因为时机不到，曹操兵强势盛，鸡蛋碰石头，那也是找死。

刘备是聪明人，知道就算是龙，眼下也只能盘着；就算是虎，眼下也只能卧着，那就盘卧静以待时吧。不能进攻，还不能防守吗？于是他就安安心心在后园种菜了。

这就是聪明人的做法和选择。

有一只聪明的老虎，初见驴时吓了一跳，心想如此庞然大物，莫不是神兵天降？它就小心翼翼观察，接着小心翼翼接近，再小心翼翼挑逗，逗得驴子大怒，蹄之。老虎探得底细：也不过就这两下子，于是将其咬死吃肉。

还有一只傻老虎在追赶一个樵夫。樵夫逃进山洞，老虎志在必得，也跟了进去。樵夫见洞小，仅可容身，钻进去，没走几步竟出了洞。他出洞后就扛石头将洞两头堵住，然后抱柴

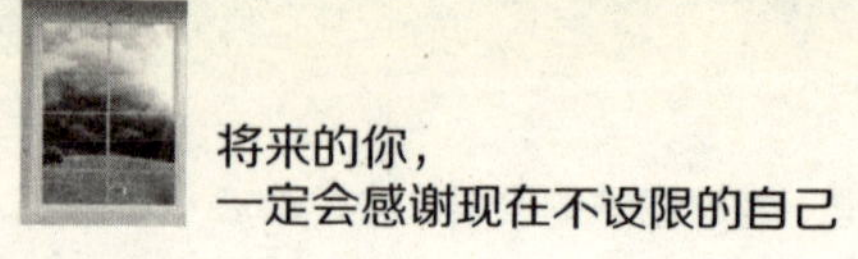

熏洞，傻虎被活活熏死了。

该止步的时候不止步，该防守的时候不防守，死了又能怪谁？

可是，止步了，就又怕永远止了步，于是防守变成了停滞。我的一个朋友是大学生，他觉得现实太过污浊黑暗，毕业之后谋生又万分艰难，看不到出路，甚至想出家去暮鼓晨钟，了此一生。

可是佛门中人又有佛门的烦恼，并不是一入空门就真的四大皆空。虚云老和尚活到120岁，德高望重，却也不能不被俗世牵绊："前几天总务长为了些小事情闹口角，与僧值不和，再三劝他，他才放下。现在又翻腔，又和生产组长闹起来，我也劝不了。昨天说要医病，向我告假，我说，'你的病不用医，放下就好了'。"

"这几天闹水灾，去年闹水灾也在这几天，今年水灾怕比去年更厉害。我放心不下，跑去山口看看，只见山下一片汪洋，田里的青苗比去年损失更多，人民的粮食不知如何，我们买粮也成了问题。所以要和大家商量节约省吃，从此不吃干饭，只吃稀饭。先放些洋芋掺在粥内吃，好在洋芋是自己种的，不花本钱，拿它顶米渡过难关。我们要得过且过。"

吃饭、穿衣、人际关系，这是到哪里都躲不开的现实。

所以，我们不需要去考虑怎么避开现实，因为现实根本逃避不开，能把现实跟心隔开一段有效距离就可以。

我的卧室对着的就是餐厅，一打开门，我一览餐厅无余的同时，餐厅里的人也一览我的卧室无余。有鉴于此，我在卧室的门和床之间放上了四扇浅柚色的原木屏风，屏风的下半部分是单面雕牡丹，上半部分是镂空的花窗。这样既能看见外面的动静，又能阻隔一下屋外人的视线，自己在床上坐卧也安下不少心。这四扇屏风既阻隔了卧室和餐厅，又像是隔开了自己和现实世界，不至于和外面的现实完完全全融合在一起。

小时候，我们受的教育都是要融入社会，事实上，全情投入却是一件很危险的事。现实有黑有白，有光明有不光明，一旦全情投入，自己的一颗心也被染得花花绿绿。若是能把心隔在屏风后，和社会隔开一段有效的距离，就可以有助于自己审视和剖析，在现实世界中有所取有所不取，有所弃有所不弃。

但屏风不是铁屋子，不是要把一个活生生的人挡在尘外，不教他入世；只不过是采取一种较为轻松的防守的姿态，凝心蓄力，隔着屏风看人世；防守到位，也休养生息得够了，一个猛子扎下去，等游上来，对岸就是自己有花有叶的未来。

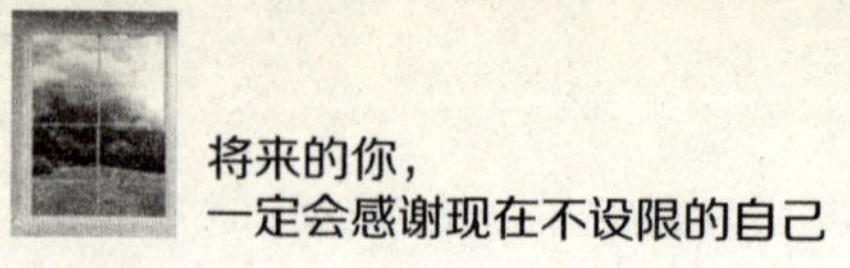

3 不能复杂的时候，就简单吧

人活着，一颗心就跟一张蛛网似的，错综交织，丝丝相连，线线相交。网上也难免会粘上各种各样的杂质，所以要像蜘蛛一样，学会聪明地处理和拣择。

生活太复杂。

拿最简单的穿衣来说，衣服不光要分男女，还要分春、夏、秋、冬四季。衣服上要或染或绣或织各种纹样，还要修身，紧身，或是宽松；要讲究什么颜色的衣服如何搭配，又要讲究什么款式和颜色的衣服如何搭配鞋子；说起鞋子，有高跟鞋、低跟鞋、中跟鞋、平底鞋、坡底鞋、运动鞋、旅游鞋……有了衣服鞋子，又要讲究拎什么样的包包或手袋。所有这些，又要讲这样那样的品牌，还要讲究这一种适合什么气质，那一种适合什么气质。若是以为这样就算好了，那还差得远哩：各种各样的围巾，各种各样的耳环，各种各样的项链，各种各样的手镯手链手圈脚镯脚链脚圈……我的天。

吃饭呢，要讲八大菜系，油要分棉籽油、花生油、橄榄油、调和油；米要分红米绿米白米，新米陈米，精米糙米，太复杂了。

人们从事的行业从大到小，从粗到细，从高尚到卑劣，从利国利民到伤天害理。爱情难道不复杂？亲情难道不复杂？还有友情。最最重要的是，世情复杂到令人眼花缭乱，这一刻是恩人，下一刻也许就是仇人；这一刻脸上一盆火，下一刻心头一片冰；这一刻笑脸迎，下一刻咬牙恨；这一刻起高楼宴宾客，下一刻树倒猢狲散……

就每个人的生活而言，又哪有一个不复杂的？即如我自己而言，几年前，生活就是一团乱麻，简直是糟透了：刚买了房，房贷要还；老父亲病着，要治；孩子又小，淘气得很，两天不管就要翻天。偏偏腰病又重了，刚起来没几天，又开始卧床。工作顾不上，家务也顾不上，每天还要喝三大碗中药，心情沮丧得真是没法说。

后来，病中强撑着和朋友一起去楼下散步，路经一片小树丛，里面结着一个大蜘蛛网。朋友顽皮，从旁边的狗尾

心静才有花美

巴草上摘了一粒草籽放到蜘蛛网上，一下子就有只蜘蛛跑了出来。估计它一直在洞里等着猎食，一只脚搭在丝上，守网待虫。它从洞里冲出来，两只前爪捧起这粒草籽放嘴里咬了咬，不想吃，举起来往后一扔，就扔到了网外面。我噗哧笑出来。朋友又捻下好几粒草籽，往网上一撒，蜘蛛也不怠慢，一通紧忙活，一个一个地咬，一个个地扔，一会儿就把网上的草籽择干净，扭身回洞，继续守网待虫。

朋友捋了一大把草籽往网上"唰！"地一扔。蜘蛛嗖嗖地跑出来，一看整张网上都撒满了草籽，有点不知所措，好长时间一动不动。我心里觉得还不如不要这张网，重打锣鼓另开张，织一张新的来用，谁知道它却做出匪夷所思的举动。只见它爬到网的中央，几只爪子紧紧扣住网线，开始一上一下地振荡。刚开始幅度比较小，后来渐渐大起来，再后来整张网都被它晃得快要颠覆了。网上原本粘得密密麻麻的草籽被纷纷摇落下来，只剩下几颗零星的草籽比较顽强。它又仿照之前的举动，抱起一个一扔，再抱起一个扔一个，只一会儿的工夫，自己的家就被清理得干干净净。

惭愧。我不如它。一只小小的蜘蛛而已，不但能够把错综交织的丝线结成一张漂亮的网，而且还能把粘在网上的杂质聪明地清除。我也如蜘蛛，用几十年的生命为自己织了一张网，却把这张网收得太紧，使其不再是供生命施展能量的平台，却成了束缚自身生机的绳索。我这张“网”上也粘满了杂质：父亲有病，去医院治疗就是了。我自己有病，慢慢将养就是了。既然当上了“房奴”，那就力争当一个快乐的“房奴”吧。孩子几天不管教也没什么大不了，哪那么容易就学坏了。人活着，一颗心就跟一张蛛网似的，错综交织，丝丝相连，线线相交。网上也难免会粘上各种各样的杂质，所以要像蜘蛛一样，学会聪明地处理和拣择。

1965年9月7日，世界台球冠军赛在美国纽约举行，路易斯·福克斯一路领先，稳操胜券。就在这时，一个小小的“意外”发生了：一只苍蝇在他又要去击球时，偏偏和他作对，在他的球上飞来飞去，观众哈哈大笑，他愤怒难当。他不停地用球杆轰赶苍蝇，不小心碰到了球，失去了一轮机会。这还不算什么，“杯具”的是，他由此乱了方寸，失了感觉，连连失利，和冠军失之交臂。比赛结束后，他越想越气，投河自杀了。

真冤。一只苍蝇害死了他。

可是，福克斯又不是被苍蝇害死的。他心头也有一张网，这张网缠得太紧，把他缠死了。因为过于渴望成功，所以就承受不了外界的哪怕一点点细微的打扰；因为过于害怕失败，所以就承受不了被失败紧紧缠绕的感觉。他若把心头的网放松一点，把网上的杂质清除掉，就不会轻易结束生命了。

我也是。先是把生活想得太复杂了，又把一时的挫折想得好像是一世的不幸。蜘蛛的脑子里就不想这么多，它的生活简单，目标明确，懂得鉴别和选择。事实证明，它的哲学是对的：生命越简单，就越有效。

要想做到生命简单，就要把欲望降低。虽不至衣只取蔽体，食只求果腹，也要做到买得起的东西可以买，买不起的东西不眼热；做得到的事情努力做，做不到的事情不拼命；拿得起的重物不妨拿，拿不起的重物干脆就撂下；玩得起感情游戏的想玩就玩吧，玩不起感情游戏的，就老老实实执一人之手，与一人偕老。轻松些过生活，别太用力。古人聪明，早就窥破天机，谆谆告诫：情深不寿，强极则辱。

在一档电视节目里看到一对恋人：男孩子天天开着奔驰车给一个漂亮的服装店女店主送爱心便当，漂亮的女服装店主每天穿着价值不菲的名牌衣物，腕上戴着价值几万元的名表。结果却是两个人都戴着面具生活：男孩子开的奔驰车是他与朋友合股的公司里的车，不是他自己的，而他所占的公司股份只有15%。女店主的名牌衣物连吊牌都没剪，是穿两天就准备退掉的——一柜子的衣物都是没摘吊牌的：既想过穿名牌的瘾，又付不起高昂的费用，所以想出这么个法子。腕上的名表是借来戴的，用来撑场面。结果两个人都觉得对方不实在，让人不踏实，便闹到电视节目上，被旁观的嘉宾戳破了西洋景。

这两个人，活得、恋爱得，都太用力了。

当年看《还珠格格》的时候，听到紫薇和尔康这样的对话：

紫薇：尔康，不要难过。

尔康：我没有难过，只要你不难过，我就不难过，紫薇，答应我，不要难过。

紫薇：尔康，我没有难过，我哪有难过，你不要难过，你看我都不难过了，你也别难过，不要难过，尔康！

尔康：好好好，我不难过，可是紫薇，你一定别难过，难过的都已经过去了！

紫薇：恩，我们都不要难过了！

这戏演得，这台词做的，得是多用力啊。

说到底，做人不可太用力。用力了，就会把生活越搞越复杂。若是有驾驭复杂生活的能力，那没有什么话可说，尽可以去复杂：吃饭讲吃饭的规矩，穿衣讲穿衣的门道，做事有做事的规则，做人有做人的九曲回肠。问题是，不是所有的人都能适应这种复杂的生活。

那么，生活何不过得简单一些？退出万众瞩目的舞台，退进自己的心里；退出不进则退、你死我活的激烈争斗，退进平心静气，不以成败论英雄的内心。挣脱紧紧捆住自己的蛛网，踏上宽阔平展的人生平台。

在这个平台上，花样百出地排遣寂寞不重要，平心静气地接受孤独才重要；千方百计地俘获爱情不重要，安心经营事业和家庭才重要；殚精竭虑地维持美貌不重要，踏踏实实丰富心志才重要；不择手段地拼命赚钱不重要，控制欲望、适度花钱才重要。删繁就简三秋树，减掉无关的枝枝叶叶，剩下的，就是简单干净的人生。

4 不能振臂一呼的时候，就孤独自处吧

外面的世界很大很精彩，也许自己只是一只小小的飞虫，被时代激流卷来荡去；可是，哪怕一只小小的飞虫，不管外面的世界多么风云飞扬，也可以在自己的地盘上做自己的王。

森林里有数不清的大树，每棵树上都爬满了猴子。有的刚开始攀爬，有的已爬到了中间，有的则高踞树顶；有的正悠然坐在枝上休息，有的则汗流满面继续努力，占领最高枝头的那只猴王俯视脚下群猴，表情或倨傲或谦抑，但无一例外地对脚下群猴表达了宽容和怜悯。但是，谁也不会高兴得太久，说不定哪一刻，它就会被哪只后起之猴推下树去。

刚开始爬树的猴子看着半树腰的猴子心想：“唉呀，什么时候我才能爬到它那个位置呢？到了那个位置我一定会满足

了，别无所求。”而一旦爬到了半树腰，它就会发现，处在半树腰的猴子也不好过，它会一边怜悯和防备脚下的猴子赶上自己，一边看着最高处犯愁：“想必那最高处一定风景独具吧？我什么时候才能爬上去呢？”

也有的猴子会中途转移地盘。在这棵树上没有发展前途，换棵树来爬爬怎样？树挪死，猴挪活嘛。所以所有的树上都会不断有新面孔出现，也会有老面孔消失。当对爬树厌倦的时候，有的猴会罢手不干，一个筋斗跳下树，重新回到生命的起点。

这片森林，就是人类社会，一棵棵大树，就是人们栖身的众多单位和领域。奋斗和攀升是每只猴子一出生就需要具备的本领，一方面是谋生，另一方面为实现自己的价值。一旦选中了某一棵树，也就意味着选中了某一个价值体系，或者说，被这个价值体系千丝万缕地纠缠住，除非脱逃，不然摆脱不了。

几年前，我从学校被借调到本地一家单位，在朋友的手下工作。她是个热心、能干的人，我平时得到她的很多照顾，她看着我“两耳不闻窗外事，一心只读圣贤书”的呆样，也真心替我发愁：“有我在，我罩你，我不在的时候，你怎么办啊？出去活动活动吧。”于是我就出去也有样学样地跟着她应酬。

应酬场上的人真的很多，个顶个儿好样的，要财有财，要位有位，开车开会开公司，长袖善舞，多钱善贾。只有我在里面滥竽充数，一边学着人家喝酒、聊天、处关系，一边脸上带着笑，心头却不快活。这种热热闹闹的生活要一直过下去的话，“臣妾做不到啊！”

夜深人静时，反思自己，为什么当初朋友轻轻一句话，我就像听到发令枪，“嗖！”的一下子冲出去了？主要是怕被主流圈子冷落，陷入孤独吧。

我们总是毫不犹豫地尊崇偶像，毫不留情地打击“自己”，因为我们胆怯，害怕成为孤岛，害怕被遗忘、被鄙弃、被扔到角落里。于是，我们把自己置身在社会的、别人的价值体系里，蒙昧地、吃力地、自作聪明地活了许多年岁。因为怕如此不这样，会无法生存。当然，如果能够在这种社会的、别人的价值体系里振臂一呼，当英雄，是最好不过的事。可是一将功成万骨枯，能当英雄的只能是少数，而绝大多数人，都被潮流裹挟，身不由己，呼啸着一步步老去。

美丽的萨瓦纳大草原生长着健硕的长颈鹿，每只成年长颈鹿的体重足有1 500千克，它们轻易的一蹄子便能把狮子的头盖骨踢得粉碎。但是狮子的到来却引发长颈鹿的溃逃，一只长颈鹿慌乱中摔倒在齐膝深的小溪里，扑腾半天也没办法用四条腿支撑起庞大的体重，无奈闭眼，成了狮子的美餐——它不是被狮子吃死的，而是被自己“吓”死的。

我们就像这些长颈鹿，走上一条不情愿的路，也是被“吓”的。

所以，我们过日子，真的没必要一定去读那些人家硬塞给自己和推荐给自己的书，一定要去和那些人人敬而仰之、自己却不感兴趣的人做朋友，也没必要硬是照着电视广告和网络红人来打扮自己。认识到自己的普通，然后在普通的世界里坚持做自己，读喜欢读的书，做喜欢做的事，交喜欢的朋友，任何不经允许的流行元素，都不许跨进自家大门，除非它的价值得到自己的验证。外面的世界很大很精彩，也许自己只是一只小小的飞虫，被时代激流卷来荡去；可是，哪怕一只小小的飞虫，不管外面的世界多么风云飞扬，也可以在自己的地盘上做自己的王。

5 不能模仿别人的时候，就做自己吧

当然，假如你乐于模仿别人的生活过自己的生活，也没什么不好。假如你做不到因模仿别人而感到快乐，还是掉回头来，专心做你自己吧。

模仿不是坏事，小孩子就是通过模仿大人的一言一行学会说话、走路、做事、做人的；不过一看哪件事是好事，然后就“群起而效仿之”，不顾自身的条件和心愿，就不见得是好事了。所谓东施效颦、邯郸学步，这还是轻的；甚至于丧身失命也未可知，比如诗里所说的“楚王好细腰，宫中多饿死”。

社会迈进现代，人们的模仿心理一点不减，趋奉着一样的价值观。虽然说孩子们不再千军万马抢过独木桥，但是高考仍旧具有无可替代的分量。我的小孩认字格外早一些。读小学时，她写的作文便被刊登在《小学生作文通讯》中。读初中

时，成绩就有些平平了。读高中时，则泯然众人矣。她虽年轻如花叶初滋，却好像在求学路上，已经是一个跋涉已久的人，多走一步路也迈不动腿了。大家都在备战高考的那段时间，她深夜给我打电话，死求活求的，一定要赶在高考前出国留学，而且在我不同意的情况下，强行从学校搬回了自己的铺盖，再也不肯回去。看着别的孩子都热火朝天地冲刺，我的孩子却在家里无所事事，我心里急得如同滚油煎，都能听见滋啦滋啦的响声。到最后是我死求活求，她仍旧不肯参加大考，而只肯在高考前参加了一个相对容易的单招，上了一个职业院校。而我，要说心里一点都不失落，也是假的：别人的孩子可都前程无量呢，而我的小孩将来却只能干一个技术活。

然后她算是高中毕了业，却要勤工俭学，给自己攒学费。她在一个餐厅里打工，每天扫地抹桌，端盘上菜。抹桌的时候两只小手交替轮擦，揩抹如风，不能慢，慢一点便会被主管责骂；上菜的时候又会碰到借酒撒疯的客人，有一次一个家伙甚至把酒瓶子砸到她的脚面上。她小小的人，忙忙碌碌，来来回回在大堂里穿梭。她不是不累，有一次我悄悄去看她，她站在门口迎候客人，背着人偷偷打了一个大呵欠。我让她不要干了，她却不肯。每一天上班，她都像是第一天上班，一换上工装，头发往脑后挽一个利落的发髻，穿上黑平绒面的平底鞋，

始终面向太阳
阴影将总在身后

整个人就像变了个人，不拖沓、萎靡，有尊严得在放光彩。

现在，她又去了一个外景地给一个女演员做临时助理。那个演员短短半个月却用了三个助理：第一个家里有事，辞了工；第二个只干了六天，嫌工作太累，不辞而别；然后是我的女儿。她在家也是被我疼爱着，被捧在手心里长大的。在饭店里工作的时候，她的一双小手已经磨得粗糙开裂，露着红红的血丝；如今要替演员打伞、买饭、跑腿、送信、看通告……半个多月过去了，我问她累不累，她说："妈妈，我这只半夜两点不睡觉的夜猫子，如今只要没有夜戏，晚上九点倒床上就睡，你说我累不累？"可是我让她不要干了，她还是不肯。

她觉得比起那个千篇一律的学生时代，现在的生活过得很有意思。就像一座花园，旁人赞说真美，而对于花来说，它在这里已经开得太久了，自己只觉得淡然无味；而到了这个不一样的世界，她从一个历经沧桑的"老人"，又变回初出茅庐的少年，一切都新鲜有趣，再苦再累，天天也都是属于她自己的好日子。

我不爱看电视，所以不知道陈虻。直到无意间读到一篇文章，叫《陈虻不死》，是柴静写的。柴静曾经是央视主持人，这一点我还是知道的。陈虻曾经是她的领导，47岁就去世了。

柴静回忆说：

“七年前，我赶上时间在东方时空开的最后一个会，时间坐在台上，一声不吭，抽完一根烟，底下一百多号人，鸦雀无声。

他开口说：‘我不幸福。’

然后说：‘陈虻也不幸福。’

他是说他俩都在职业上寄托了自己的理想和性命，不能轻松地把职业当成生存之道。”

后来陈虻还对她说过：“成功的人不能幸福。”“因为你只能专注一件事，你不能分心，你必须全力以赴工作，不要谋求幸福。”

看到过一段很普通的话，说幸福就是睡在自家的床上，吃父母做的饭菜，听爱人给你说情话，跟孩子做游戏。想起来真矛盾，想通过这样那样的劳作谋求幸福，却因为追求得过于专注，而无法求得幸福。周星驰已经五十岁了，还专注于拍电影——没有家，没有妻，没有子，他还没有来得及幸福，就已经老了。而陈虻在追寻灵魂的路上，还没来得及老，就死了。

若按大众标准来看，他们都是失败者：我的女儿高考失败，陈虻和周星驰还有许许多多的人得不到幸福，更失败。可是，谁说必须参加高考？谁说打工一定是受苦受难？谁说一定要把幸福抓在手里？世间路千万条，谁敢说哪一条就一定是正确的，哪一条就一定是错误的？

有的人喜欢热闹，那就不必模仿冷静孤独的高人。有的人喜欢繁华，那就不必为奢侈生活感到羞耻。有的人喜欢高位，那就努力去做事、处关系、向上爬，没什么不对、不好。有的人喜欢退隐，那就退罢，很正常，很多先贤都是这么干的。爱佛没什么不好，不爱佛也没什么不好。爱基督没什么不好，不爱基督也没什么不好。不必受别人的价值观左右，你喜欢什么样的生活就过什么样的生活好了，喜欢做什么样的人就做什么样的人好了。

——生命本来就是多样化的。

若是大家都说金钱万恶，于是你赚钱也赚得心虚气短，花钱也花得偷偷摸摸；大家都说减肥好，于是你明明很愿意面对美食大快朵颐，却又觉得多吃一口饭、多长一星儿肉都是罪恶；大家都说考大学好，于是你虽然更愿意去自主创业，却觉得考不上大学是罪恶；大家都说公务员好，于是你明明对它非常、非常不感兴趣，也觉得必须去考……这才是错的。

因为你照着“大家都说”的去做，好比你本来是一支铅笔，却非要当一根筷子；你本来是一棵大树，却非要当一根藤条；你本来是一个智者，却非要当一个庸人。真正的心愿无法实现，真正的自我不能达成，真正的价值不得固守，你的整个世界变成一个别人替你建造的沙堡，不定什么时候就会崩塌。

6 不能处在中心，就安于边缘吧

做人如果能做到一身都是骨气，浑身冒着寒气，像一砣坚冰一般坚持自己，天长日久，谁敢说生命里开不出一朵美丽的牡丹来。

一个女友，原本是一位老师，可是就在她拼命工作的时候，她的学校就已经是一所“边缘”学校了。她所就职的这所职业中学，早在几年前就已经风雨飘摇——这是社会大气候造成的，学生都热衷于考大学，不肯学技术，觉得好像很低等似的，于是造成学校生源不够，别的学校的老师一个人带几十个学生，很辛苦，而他们却一个人只带几个学生，简直就是“教授”级待遇。上课时，老师不用站在讲台上辛苦地说啊说，只要把课桌围成一圈，然后往中间一坐，就可以轻松授课了。

后来，学校险些支撑不下去了，干脆把老师们像放鹰一样撒出去，这儿借调两个，那儿借调两个，到别的单位混口饭吃。她和其他几位同事一块儿被借调到本地一所重点高中，在那里成了“边缘人”。本校的老师看不起他们，说话都是冷冰冰的，哪怕他们整天累得晕头转向，也没办法和人家平起平坐。尤其是年级主任，更为高傲，逢当他们想在办公室里偶尔放松一下，玩玩电脑，她进门来，横扫一眼这些“牛鬼蛇神”，然后把门大力一关，“咚”的一声，四座皆惊，吓得他们赶紧敛手缩脚，继续工作。

大约就是从那个时候起，她逃来逃去，都再也没能逃开这种“边缘人”的生活。

哪怕是学校光景变好，重回“娘家”，她的嗓子因为疲劳失声，于是，在自己的“家”里，再次成了边缘人。

整整三年，她在图书室当辅助工，帮别的老师找书、填借书卡。有一次，她在前边走，听见后边两个年轻老师悄悄议论：“管图书室的那个人，她是不是一个哑巴？”

“……”

她低着头，不说话。

那段时间，她写呀写，把手中的笔当成自己的嘴巴。当她用笔开辟了一条小路后，又被本地检察院借调过去。在那

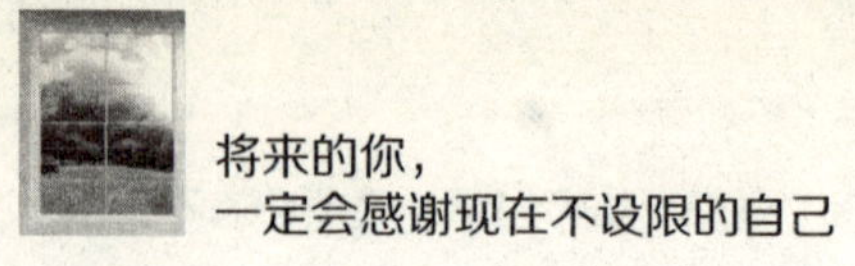

里，所有的人都是穿检服的，只有她不是。有一次，她和检察院的同志们一起搞活动——“送法下乡”，摄影师需要录下同志们给村民下发宣传资料的镜头。主任着检服，吃力地抱着一大叠资料，面前围着一群人，个个伸手想要。她想伸手过去帮忙，没想到主任身子一扭，避开她伸过来的胳膊，转过身招呼另一个小同志：“你来，帮我发一下。”女友这才回过神来：原来，着便装的自己，根本没有代表检察院形象的资格……

在这方面，有一个人经历了更大的艰难，他就是沈从文。沈从文本是成绩卓著的作家，四十多岁时已经写出七十多部作品，然而后来风云变幻，北京大学挂出了“打倒新月派、现代评论派、第三条路线的沈从文”的大幅标语，沈从文不久又收到了恐吓信。1949年，沈从文在家自杀未遂，被送入精神病院。病情好转后，沈从文不再写作，而是到新成立的历史博物馆工作。在1951年的信里，他写道：“我爱这个国家，要努力把工作和历史发展好好结合起来。”

但是时任文物局局长王冶秋说：“沈是灰色的旧知识分子，是在旧社会培养的，要控制使用。”于是，在历史博物馆，沈从文甚至都没有一间办公室，只好在午门城楼一条走廊的小角落放了一张办公桌。1953年，朝鲜停战，志愿军军人王口到北京参观历史博物馆的展览，他回忆说："我刚一进门，一个穿着白衬衫的五十来岁的人就站起来，跟着我看，然后就跟我讲。那是个铜镜展柜，有几十面唐宋的铜镜。这一个柜子他就给我讲了两三个小时，使我非常感动。我们两个人约好了第二天再来看。就这样我一个星期看完了这个西朝房……那个时候我有许多问题，对文物可以说一窍不通，这位讲解员就非常耐心地给我讲，就像教幼儿园的孩子一样……我一直没有问老先生是什么人，叫什么名字，越来越不好问。到分手的时候就非问不可了。我说：'这么多天您陪我，我一直张不开口问您尊姓大名。我非常感谢您花了这么多时间。'他说他是沈从文，我吃一大惊。"后来，王口成了他的研究助手。

协助沈从文做绸缎研究的另一个助手王亚蓉回忆说："考古文物就数丝绸最麻烦。附着尸身，污染最重，又是文物中最脆弱娇贵的，是份费力不见好的工作。"沈从文也关心扇子、马鞍、镜子、衣物、酒杯茶杯，而这些日用品在传统的文物界不被当成文物。管业务的韩副馆长也说："终日玩玩花花朵朵，只是个人爱好，一天不知干些什么事！"

对于自己的生活处境，沈从文说："从生活表面来看，我可以说'完全完了，垮了'。什么都说不上了。不仅过去老友如丁玲，简直如天上人，而且茅盾、郑振铎、巴金、老

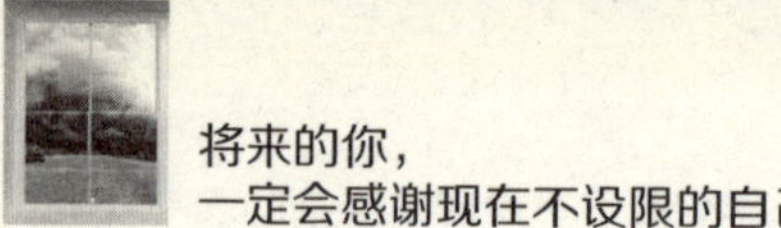

舍，都正是赫赫有名，十分活跃，出国飞来飞去，被当成大宾。当时的我，天不亮即出门，在北新桥买个烤白薯暖手，坐电车到天安门时，门还不开，即坐下来看天空星月，开了门再进去……我既从来不找他们，也无羡慕或自觉委屈处……”

1978年起，沈从文渐获尊重，还在社科院历史所获得了“研究员”的编制。80年代初，沈从文受邀赴美讲学，他在圣若望大学演讲《从新文学转到历史文物》，最后说：“许多在日本、美国的朋友，为我不写小说而觉得惋惜，事实上并不值得惋惜……社会变动是必然的现象。我们中国有句俗话说：‘塞翁失马，焉知非福！’在中国近30年的剧烈变动中，我的许多很好很有成就的旧同行、老同事，都因为来不及适应这个环境中的新变化成了古人。我现在居然能在这里很快乐地和各位谈谈这些事情，证明我在适应环境上，至少做了一个健康的选择，并不是消极的退隐。”

有这样的安心打底，在被边缘化的日子里，沈从文编写了《中国古代服饰资料》，还写了《中国绸缎史》、《山水画史》、《陶瓷加工艺术史》、《扇子和灯的应用史》、《金石加工史》等著作。《沈从文的后半生》的作者张新颖感叹：“当我们说绝境的时候，总会以为是很大的关口。但更折磨人的，是每天面临的日常生活的那些困窘和不堪。比如他在历史博物馆，上那么多年班，连个办公室和桌子都没有！在大的政治的不堪境遇之外，能面对每一天这样不顺心的琐事，就很不容易。沈从文不是完人，但他了不起，一边发牢骚，一边还干实事。”

话说回来，那位女友在被边缘化的生活中，从不安心渐渐安心，专注于读书写作，如今已经出版了十几部作品。所以说，被边缘化的生活，不是意味着生命被废弃，而是活力走入另一个河道。河床越冲越宽广，前景是不为人知的美好。

除了被动的边缘化，甚至还有主动求边缘化的。我认识一家报纸的副刊编辑，很有个性，平时除了当好编辑，余下的时间就是用来读书写字，既不参与同事宴饮，更不吃请受贿。有人托关系想发表稿件，他也不给面子。这种又臭又硬的脾气让他很被排斥，在群体生活里是被彻底边缘化的一个。还有人不怀好意地说：这个家伙这么不上道，丢掉饭碗是迟早的事。

可是很奇怪，别人想干副刊编辑没机会，他却在副刊编辑的位置上一干十年，没有人能撼动他的地位。说到底，打铁还得自身硬，你自己有本事，怎么都会有一席之地。虽然大家都拿情商说事，可是说到底社会还是需要有能力的人。

所以，安心好了：边缘化没那么可怕。甘肃有一首《花儿》，歌词美极了：“青石头里的药水泉，担子担，桦木的勺勺舀干；你若要我俩的婚姻散，三九天，硬冰上开一朵牡丹。”显然，“硬冰上开牡丹”和“山无棱，江水为竭，冬雷震震，夏雨雪”一样，都是极端不可能的事。但是，做人如果能做到一身都是骨气，浑身冒着寒气，像一砣坚冰一般坚持自己，天长日久，谁敢说生命里开不出一朵美丽的牡丹来。

7 不能好聚，就好散吧

若是我们一开始就并不想从爱人或者朋友身上获取什么，而是单纯因为爱情而缔结婚姻，因为友情而缔结友谊，那么，若是不爱了，离开又有何不可？……这样，双方对彼此都没有义务，来去自由，也就不存在背叛与伤害、离开与仇怨了。

读过一篇文章，至今记忆犹新，叫作《落马的白马王子》，作者是谁且不去说他，文章中那悲摧的落马王子却是一个叫作汪国真的诗人——诗人前不久刚殁，这篇文章却是大约十几二十年前的事了。我读高中的时候汪国真的诗正是大红，我还摘抄过他的“只要彼此爱过一次，就是无憾的人生”“人，不一定能使自己伟大，但一定可以，使自己崇高”“不是不想爱，不是不去爱，怕只怕，爱也是一种伤害”……物极必反，后来大红变为大黑，好多人吐槽他的诗太浅、太白，不成诗样。这篇文章即以汪国真朋友的身份大揭内幕，具体语句忘记了，但是文意里的明讥暗刺却叫人读之如鲠在喉。此后足有二十年，这个所谓的汪国真的“朋友”的文章无论再怎样写得好，写得深沉高妙，我也是一字不看。我曾在编书编选文章的时候，见到此人的文章也是绕道走：当年那眼见朋友落马，自己却幸灾乐祸乃至落井下石的举动让我齿冷到如今，遍体生寒。

真的，就算再不喜欢朋友的为人，要与之分崩，也应该做到君子绝交，不出恶声。

倒是我身边有一个女人，实在忠厚到家，老公有了外遇，要和她离婚，偏偏老公在政府部门是个不大不小的官员，而且正在谋求升职的关键阶段。竞争对手听说此事，就来找她，要她证实老公生活作风有问题，一同扳倒这个无良的男人，她却拒绝了。丈夫热血冲头，一个劲儿催逼她在离婚协议上签字，她却一个劲儿推掩，一直维持和平婚姻的假象，直到这个男人升职之后，才签字走人。而且从始至终，没有说过这个前夫的一句坏话。

这样的高风亮节不是人人都能做到的，不过，毕竟缘尽便尽了，走便走开，不再作恶纠缠才是应当应分。可是人的天

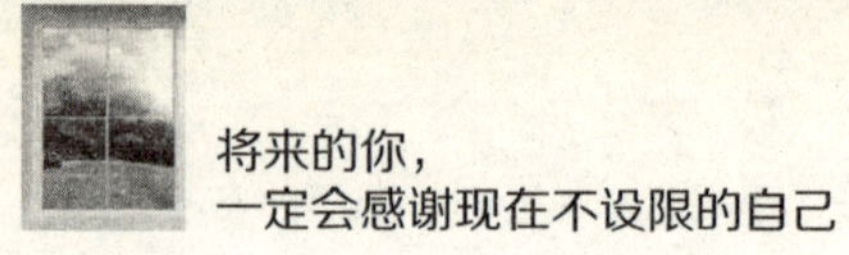

性如此，大多喜聚不喜散。聚时欢喜，散时冷清。如果是一时宴饮欢聚也就罢了，散的时候是留恋怀念；怕的是夫妻情侣，聚的时候恩爱欢喜，散的时候纠缠不舍，到最后老死不相往来还是轻的，反目成仇的比比皆是。

问题出在我们头脑里的观念。

无论是做爱人，还是做朋友，到底是为了什么呢？好像一做了人家的爱人，或者人家的朋友，就有义务为人家守贞、忠心，否则即为背叛。而爱人或朋友若是对自己不贞、不忠，也会立即将其视为背叛。

其实无所谓背叛。背叛只不过是被“义务”二字捆绑的时候，试图挣脱“义务”的捆绑，而遭到的不公正的评判。当我们想从爱人、朋友的身上获得爱、安全感、经济援助、情感支持，并且为此而维系感情的时候，一旦他们不能给予我们所要的这些，抱怨就会产生，矛盾和冲突的力量会发展壮大，若不能彼此容谅，最终便会分道扬镳。昔日之爱人，如今之路人；昔日之朋友，如今之仇人。

甚至连西方的婚姻誓词，都充满着一股子等价交换的气息：

“×××，你是否愿意娶×××为妻，按照圣经的教训与她同住，在神面前和她结为一体，爱她、安慰她、尊重她、保护她，像你爱自己一样。不论她生病或是健康、富有或贫穷，始终忠于她，直到离开世界？”

“×××，你是否愿意嫁×××为妻，按照圣经的教训与他同住，在神面前和他结为一体，爱他、安慰他、尊重他、保护他，像你爱自己一样。不论他生病或是健康、富有或贫穷，始终忠于他，直到离开世界？”

双方同意，交换戒指，就相当于各自都得了一份保险：生病也有人陪，贫穷也有人陪，一直都有人陪，到死也有人陪。若是生病的时候对方不在，那便是毁约；贫穷的时候对方逃离，那便是毁约；对方中途离开，那更是毁约。不单人要谴责那人的背义，据说就连上帝都会惩罚他（她）。

多么有力的一份契约，可惜背约的人从古到今，排起了长队。人们只喜欢被爱驱使，没有人愿意被义务捆绑。

若是我们一开始就并不想从爱人或者朋友身上获取什么，而是单纯因为爱情而缔结婚姻，因为友情而缔结友谊，那么，若是不爱了，离开又有何不可？——你不再爱我，我不舍得把你绑在我身边；若是不同气连枝了，断交又有何不可——你想离开，我就放你离开。这样，双方对彼此都没有义务，来去自由，也就不存在背叛与伤害、离开与仇怨了。

那么，是不是婚姻誓词也可以改一改：

“×××，你是否愿意娶×××为妻，按照圣经的教训与她同住，在神面前和她结为一体，爱她、安慰她、尊重她、保护他，像你爱自己一样，一直到你不再爱她为止？”

“×××，你是否愿意嫁×××为妻，按照圣经的教训与他同住，在神面前和他结为一体，爱他、安慰他、尊重他、保护他，像你爱自己一样，一直到你不再爱他为止？”

朋友间指天誓日，也可照此办理。这样一来，天下清平，好聚，好散。

第二辑

要想人生不设限，必须思维不设限

思维，看不见，摸不着，却实实在在地存在。不同的思维方向导致对世界和事件以及事物的不同看法，这些不同的看法又导致不同的人生走向。很多时候，我们困在思维的困境里而不自知，被它牵引着在原地徒劳地转圈圈，甚至茫然不知地走下坡路。所以，反躬自省，扪心自问，监视头脑，审视自己的思维方式和走向，打破思维藩篱，是至关重要的事。

1 一边劳作，一边享受

劳作这件事情，如果你想着它是受苦，那你就真的是在受苦，如果你想它是享受，那你就真的是在享受。好比种瓜，忙的时候风里雨里，汗水浸湿身体，闲下来的时候安坐田园，清茶一杯，看郁郁黄花，蝶舞蜂飞。

大概十多年前，我特别劳累。刚买房，要还债；爹也病，娘也病，买药，看病，输液，打针，出医院，进医院。那个时候，真是蛮拼的：起五更睡半夜，白天上班，晚上写作。腰椎有病，直不起腰，像罗锅老头，踉跄着走路；颈椎有病，一扭头咔咔响；长期伏案工作，后背肌肉僵硬，四肢百骸都压得慌，像背了一个大壳；尾椎也病，疼得坐不稳，只敢半边身子贴凳。

难得一个人出来逛街，不说话，神游天外，感觉到重病缠身的人短暂昏迷时那种极轻松的愉快。可惜这是清醒后才感觉出来的，一经察觉马上成为过去时态。那阵耀眼的轻松就像自己成了长着翅膀的天使，越发衬得眼前回过味来的现实沉重不堪。

直到有一天，朋友在医院的病床上来电。这家伙是高级知识分子，为了做学问，老婆跟自己离了婚；为了做学问，一头浓密的秀发脱得几乎一根不剩；为了做学问，还得了神经衰弱外加胃溃疡的病。本来就起得比鸡早，睡得比狗晚，结果领导又交给他一项科研任务。三十七岁，男人鲜亮鲜亮的黄金年龄，他却在工作台上突发脑溢血，现在还躺在医院，差一点就告别了人间。

原来这个光鲜亮丽的世界上，这么多光鲜亮丽的人，都包裹着一颗拼命挣扎的心。没有谁真正潇洒，大家都不轻松。

和文友李开周聊天，他说他十年后的生活理想是这样的：“闲坐小窗读周易，青草池塘独听蛙。”

“干嘛不现在这样呢？”

“现在？我要整小窗、买周易、挖池塘、养青蛙。”

想起来，我之所以铆足了劲地拼命，岂不也是因为想着五十岁之后，能过上这样的好光景？从贫困年代过来的人，大都不会及时行乐，只晓得攒钱、攒房子、攒幸福，可惜就是不能攒光阴。莫说人生无常，长度不由自己决定，就算真能活到七老八十，也是老病相连。拿年轻的身子去拼搏，拿年老的身子去享受，脑子也不灵了，味蕾也不灵了，鼻子也不灵了，腿脚也不灵了，未来的幸福真能如约实现？

倒不如一边整小窗，一边倚小窗；一边买周易，一边读周易；一边挖池塘，一边坐池塘；一边养青蛙，一边听蛙叫，累并快乐着。

但是，新的问题又来了：如此劳累，到底是为什么？写的文章有几个人看？出的书有几个人读？你看看书店满眼里的书，真正看书的又有几个？这且不说。前几天下乡去参加了一个乡村文学社举办的活动，成员有年轻的大学生，也有花甲甚至耄耋老人：一个已经八十多岁了；七十多岁的好几个，其中有一个老太太，七十四岁。他们有的写散文，有的写诗歌，还有的写三句半。全都是极通俗的那种，文词字句说不上多么雕琢，当然也做不到大巧若拙，大工若朴——就是真的拙和朴。这么写来写去，为什么啊！

后来看到一个乡土作家说的一句话：“我迷恋生活的过程，于是常常在中途停下来四处看看，也随手捕捉一些风与

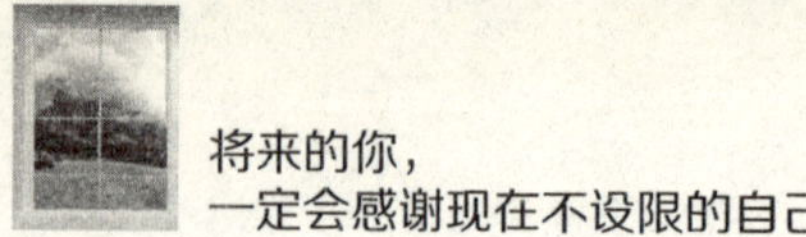

心中的天气是晴是雨全在自己

影。我知道，只要我的手一松，它们就会烟消云散……”正因为怕它们烟消云散，所以我们才选择了各种各样的方式来储存它，有人唱歌，有人跳舞，有人演戏，有人作诗。一种方式就是一条路，每条路都不好走。前途荒荒，大风大雨，若是有一个明确的前途放在那里还好，可是更多的时候，这条路通与不通都不知道。就像种地，你耕田、撒种、施肥、浇水，晴天一身土，雨天一身泥，有的时候种子出了问题，结不出果实；有的时候每一个步骤都没问题，一个个大西瓜被种出来，可是，一场雹子下来，就砸得藤断瓜碎。一念及此，还不如当初不耕田，不唱歌，不跳舞，不演戏，不写文，不作诗。

可是，闲着又闲得难受，觉得光阴虚度，心里长草。真是怎么都不好。仔细分析，发觉不好是因为做事怀抱着一个过于明确的目标，一心奔着这个目标去，就忽略了去享受实现这个目标的过程，于是含辛茹苦——听上去很崇高，可日子过起来一点都不美好。

世人都讲不劳而获是好生活，其实有劳可作才是好生活。开悟之前，砍柴挑水是做苦工；开悟之后，砍柴挑水是享受，是修行，甚至可以说是令人愉悦的入定。就像年轻的妈妈一边辛苦地摇着摇篮哄小宝宝睡觉，一边哼着歌。谁说入定就一定是盘腿坐在菩提树下？擦地也是入定，在阳光下挥洒汗水种粮种菜也是入定，深更半夜挥笔不辍也是入定。劳作这件事情，如果你想着它是受苦，那你就真的是在受苦；如果你想着它是享受，那你就真的是在享受。好比种瓜，忙的时候风里雨里，汗水浸湿身体；闲下来的时候安坐田园，清茶一杯，看郁郁黄花，蝶舞蜂飞。谁说种瓜就一定要得瓜？种瓜也可以为的是看花。

2 钱是要紧的

就光明正大地承认钱是好的，我们都爱它，不好吗？因为只有爱钱的人，花起钱来才态度郑重，让钱得其所用。

社会上有一种通病，就是觉得爱钱不好，视钱财如粪土才是洁净和清高。可是这个世界就是靠金钱来运转的，没有钱怎么行呢？

读过一本书，叫作《文化人的经济生活》，里面一笔笔算的就是经济账。

20世纪20年代初，老北京的物价大概为大米3分钱一斤，白糖5分钱一斤，盐1分或者2分一斤，猪肉1毛一斤，花生大豆等植物油7分钱一斤；到了20年代中期，各样物价基本翻半。好比说猪肉涨到一毛五一斤，白糖涨到1毛钱一斤。

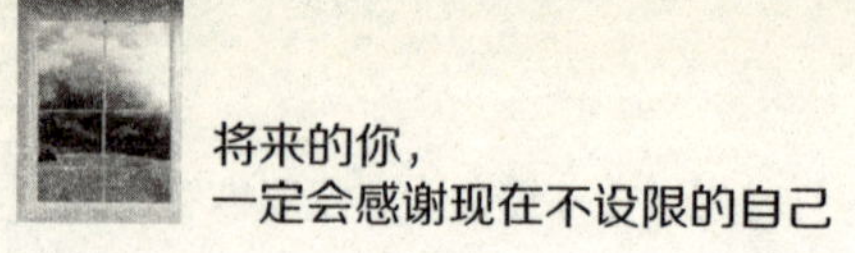

如果有这么一个孩子生活在那个时代，爸爸是骆驼祥子，妈妈是小福子，上面还有一个哥哥，他们一家没有生活在老舍笔下那个战乱年代，那样的话，生活还算能过下去：爸爸拉洋车，妈妈糊火柴盒，一个月大概收入十一二块大洋，米面粮油都买得来，一概不缺。弟兄两个都能上学，过年过节还能吃上猪肉。

假如说这个孩子的爸爸不是骆驼祥子，而是骆驼祥子给拉包月的那位曹先生，这个人除了教书，还有别的副业，收入就高不少，说不定就能或租或买一所小房，还能有一个小老妈子伺候生活起居，雇一个拉包月车的车夫供一家人使唤。假如曹先生研究学问，或是在大学堂里教书，一个月能够收入二三百块钱，那生活水平就更高了。当时一所小四合院，要租下来，每个月也只需花20块，一个小老妈子包吃住，月工资也不过3块。若是没有包月的车夫，而是上街坐散座，一趟只花一毛钱；若是真的包了一个像骆驼祥子那样的车夫，一个月10块钱足够。没事的时候，孩子还可以跟着爸爸下下饭馆，看看文明戏，泡泡茶座，逛逛琉璃厂。

说到下饭馆，在豪华的大馆子吃一桌饭，能顶得上穷人一个月的花费。平常的饭铺，花两块钱买一桌便饭也能吃不少的好东西，比如熏肉、酱肉、香肠、松花蛋四冷盘，鱼香肉片、辣子鸡丁、炒牛肉丝、溜里脊四热盘，再有米粉肉、四喜丸子、红烧鱼块、扣肉四个碗，最后再上一个大硬菜——红烧肘子或白煮鸡。一桌十来个人吃得肚儿圆，一个人平均才花两毛钱。

当然，如果是骆驼祥子养家，两毛钱也不舍得花，可以买二斤猪肉哪！一个拉洋车的，汗珠子摔八瓣，拉着洋车啪喳啪喳跑遍全城，累得牛吼马喘，才能挣来这两大毛钱。饿了买两张大烙饼，卷一根鸡腿葱，也能吃得嘴巴油光光。若是馋，还可以吃一碗老豆腐，醋、酱油、花椒油、韭菜末，被热得雪白的豆腐一烫，味儿香得很。

而且，如果是骆驼祥子当这孩子的爸爸，那大学的学堂恐怕上不起。五四运动前后，北大的学生一年开支要180块现大洋。如果有一个富爸爸做后盾，比方说曹爸爸，那读书就不是问题。

鲁迅先生说过一句至理名言："钱是要紧的。"没有钱，社会就无法运转。就像明末清初的徐石麒作了一组《钱难自度曲》，摇身化钱神，唱出来的：

"钓鱼竿　穷秀才夜拥着妻儿坐，眼睁睁只一口气儿啊。米星儿没一颗，菜头儿无一个。闲放着碗大的锅，经年价不举火。空抱着几本文章做什么！想得脸皮黄，念得舌头破。我笑他，没我来也难得活。

催花鼓　一家儿过活，富贵的如何？有我时骨肉团圆，没我时东西散伙；有我时醉膏粱，没我时担饥饿；有我时曳轻裘，没我时鹑衣破；有我时坐高堂，没我时茅檐下卧。这壁厢妖童季女拥笙歌，那壁厢凄风苦雨人一个。要我来不要我？

北双调新香过　仰天拍手笑呵呵，恁机关这番识破。不与你掂斤播两，不与你说少论多，大踏步直跳出地网天罗。解裙腰放肚皮，岸巾帻横眉角，从今后快活快活！”

“钱是要紧的”这句话，放在现在也适用，而且好像更适用。走在大街上，满眼里看见的，净是钱啊。比如此刻，我坐在朋友的小面包车里，边上一堆货陪着。面包车是5万多块钱买的；里面的吊饰10块半；一串小红辣椒5块钱；椅套288.8元，有零有整；洗车20块；前天和别人的车剐蹭了一下，送到4S店去修，花了200块。车后面的双排座上堆着两包货，一共大概得有一万块——朋友要去发货，顺带捎我去观光。进货运总站的门的进门费5块；一包送去哈尔滨的货运部，运费55块；一包送进去衡水的货运部，运费40块。

回来相约去喝茶，在茶室里坐的是藤椅，面前是原木桌。桌子上有磁盘，盘里盛着清水，水里养着几块白石，悠悠的音乐传过来。一下午的时间，280块，好贵啊。

回来路上，眼前所见，一寸寸都是钱。路灯亮了，灯杆、灯球、灯泡、灯丝，所用的电，发电的煤，都是钱。路上有桥，桥下有河，河里有沙，每一粒河沙都可以卖钱。

回家睡觉，床头摆放着四扇折叠屏风，两年前订做的，花了我2 400大元。我脚边睡着的猫是捡来的，没有花钱。可是给它喂水、喂饭、买火腿、买驱虫药、给它洗澡，全都要用钱——洗澡水不是钱吗？

打开电视，都说观众是上帝，我看广告才是上帝。明星只有一个用处，就是搔首弄姿，好诱惑人往外掏荷包里的钱。细想想吧，这个社会，有哪一个细节不是用钱堆出来的？

既然这样，承认自己光明正大地爱钱有什么要紧？为什么一定要遮遮掩掩？十分奇怪，人们明明心里爱钱，嘴里却一个劲儿地表白自己不爱钱；甚至以自己看重金钱为耻，觉得品行不够高尚。有了一点钱的人，更是要表现自己挥金如土的豪情，以此证明自己是一个不爱钱的人。

一个人，十几年前办了一家塑料加工厂，刚开始很艰难，恨不得一分钱掰成两半花。后来发了财，开始吆五喝六，成天炫富，就差拿钱糊房子了。“钱是王八蛋，花了咱还赚”成了他的口头禅。有一回，他带了一个珠光宝气的女人来我家，炫耀他给这个女人买的白金项链。我问他：“很贵吧？”他说：“钱是王八蛋，花了咱还赚。是吧老婆？”几天后他真正的老婆找上门，问我们有没有见到她老公——孩子病了，却找不见他的人影。

后来，这个人越来越没心情干正事，天天鬼混，工厂的业绩天天下降，又因为污染环境遭巨额罚款，一夜倒闭，只落得光身一人。他又像刚开始创业那样，天天骑一辆破自行车丁零咣啷乱晃，到处跟人借钱用。如果谁不肯借，他就会说：“钱是王八蛋，花了咱还赚。瞧你个小气劲！”

真是，钱招你惹你了，你这么骂它？这么骂它，又离不开它，这种态度，真矛盾啊。就光明正大地承认钱是好的，我们都爱它，不好吗？因为只有爱钱的人，花起钱来才态度郑重，让钱得其所用。

我国香港首富李嘉诚在街上不慎掉落2元硬币一枚，欲蹲身拾取，旁边一服务员替他拾起来，他收回这枚硬币后，给了这个人100元酬金。旁人替他不值，他解释说：“这2元硬币扔了就丧失它的价值了，这100元给了服务员能得到使用。钱是来用的，不是来浪费的。”亿万富翁连一枚2元硬币都要尊重，这不是小气，是大度；2008年汶川大地震，天津一家钢铁集团的老总张祥青先捐款3 000万元，又追加捐款7 000万元，帮助灾民重建家园，给孩子们建“震不垮的学校”。他这一亿元的使用，不是豪奢，而是尊荣。这样的人既让人尊重，也格外能讨钱的欢心。

可不要再一边蔑视着钱，一边说“钱是王八蛋”之类的话了，一定要认识到钱的宝贵，认真地对待钱，爱它、重视它、珍惜它、宝贝它，让它在该使用的地方使用，该节约的地方节约，该豪爽的时候豪爽，该悭吝的时候不妨悭吝。这样它就会高兴，会舒心，会撒着欢儿打着滚往你的怀里蹦。

3 钱是无罪的

> 做自己爱做的事来谋生，理直气壮地接受当获得的报偿，这既无损于你对那工作的热爱，也无损于你所从事的事业的荣光。发财不是错误，有钱不是罪过。

世间的有些道理奇怪得很：你若是坦承你爱钱，就会招人烦，好像“钱”这个字有着胎里带的一股铜臭气，人要和它撇得越清越好。若是能够痛骂钱一顿呢？那更是会被人挑大拇指说好。这一点从历代以来的文学作品中就可见一斑。

元曲《庞居士误放来生债》，其作者无名氏骂钱的口气与莎士比亚笔下的雅典的泰门异曲同工：“这钱啊无过的是乾坤象，熔铸的字体匀。这钱啊何足云云，这钱啊使作的仁者无仁，思者无思，费千百才买的居邻。这钱啊动佳人有意郎君俊，糊突尽九烈之真。这钱啊将嫡亲的昆仲绝了情分，这钱啊也买不的山丘零落，养不的画屋生春。”

唐代张说还写过一篇《钱本草》：“钱，味甘，大热，有毒。偏能驻颜采泽流润，善疗饥，解困厄之患立验。能利邦国、污贤达、畏清廉。贪者服之，以均平为良；如不均平，则冷热相激，令人霍乱。其药，采无时，采之非理则伤神。此既流行，能召神灵，通鬼气。如积而不散，则有水火盗贼之灾生；如散而不积，则有饥寒困厄之患至。一积一散谓之道，不以为珍谓之德，取与合宜谓之义，无求非分谓之礼，博施济众谓之仁，出不失期谓之信，入不妨己谓之智。以此七术精炼，方可久而服之，令人长寿。若服之非理，则弱志伤神，切须忌之”。

明代田汝成的《西湖游览志余》载趣事，说是南宋绍兴年间，皇帝举人宴会，有人善观天文，说世间的贵而做官的人，都必定应着天上的星宿，我全都能看见。于是皇帝就令他一一去看，看到的这个人应着帝星，那个人应着相星，这个人应着将星，等等。结果看到张郡王，这个人说看不见他的星相。大家都目瞪口呆，令他再看，他又看了一看，说：“只见张郡王在钱眼内坐。”殿上君臣大笑。因为这个张郡王最有钱，所以才受此一讥。

明朝藩王世子朱载堉专门《骂钱》：“孔圣人怒气冲，

骂钱财狗畜生！朝廷王法被你弄，纲常伦理被你坏，杀人仗你不偿命，有理事儿你反复，无理词讼赢上风。俱是你钱财当年，令吾门弟子受你压伏，忠良贤才没你不用。财帛神道当道，任你们胡行，公道事儿你灭净。思想起，把钱财刀剁、斧砍、油煎、笼蒸！”

他又写《钱是好汉》：“世间人睁眼观见，论英雄钱是好汉。有了他诸般称意，没了他寸步也难。拐子有钱，走歪步合款。哑巴有钱，打手势好看。如今人敬的是有钱，蒯文通无钱也说不过潼关。实言，人为铜钱，游遍世间。实言，求人一文，跟后擦前。”

又写《叹人敬富》：“劝人没钱休投亲，若去投亲贱了身。一般都是人情理，主人偏存两样心。年纪不论大与小，衣衫整齐便为尊。恐君不信席前看，酒来先敬有钱人。”

到了嘉庆年间，沈逢吉作小令《南商调·黄莺儿·咏钱》：“最好是铜钱。有了钱，百事全，时来铁也生光艳。亲族尽欢颜，奴婢进谀言，小孩儿也把铜钱骗。满堂前，家人骨肉，不过为铜钱。莫要说铜钱。说起钱，便无缘，亲朋为此伤情面。争什么家园？夺什么房田？叹恩仇总是铜钱变！更堪怜，沿门求乞，也为一铜钱。偏要说铜钱。有了钱，通上天，吕仙曾把黄金点。起课怕无钱，推磨鬼来牵，那鬼神尚把铜钱恋。刘海蟾，欢天喜地，因为有铜钱。莫再说铜钱。说起钱，实可怜，十年几度沧桑变。赚不尽的钱，过得完的年，着财奴钻进铜钱眼。乱山前，纸灰飞蝶，可再要铜钱？”

嘉庆末年，四川总督蒋攸铦主持印制《总督部堂蒋劝民惜钱歌》，印在钱票背面，其中有一段这样写：“钱，你不似明镜，不似金丹，到有些势力威权：能使人搬天揭地，能使人平地登天；能使人顷刻为业，能使人陆地成仙；能使人到处逍遥，能使人不第为官；能使人颠倒是非，能使人痴汉作言。因此上，人人爱，个个贪；人为你昧灭天理，人为你用尽机关；人为你败坏纲常，人为你冷炭起烟；人为你忘却廉耻，人为你无故生端；人为你舍死丧命，人为你平空作颠；人为你天涯遍走，人为你昼夜不眠。钱，人人被你颠连，出言你为首，兴败你为先。成也是你，败也是你，到而今只你机关！你去我不烦，你来我不欢。免被你颠神乱志，废寝忘餐。”

话是超脱，钱去不烦，钱来不欢，世人都是贪钱，爱钱，想钱，要钱，思钱，谋钱，愿钱多多益善，畏不名一钱，钱少者恨了又恨，钱多者贪了又贪，人人摆一张厌钱的清高脸，谁心里不想着睡金山银山。当骂的是人心，被骂的却是钱，可怜的钱，你是冤也不冤。

如今人也是这样。明明觉得有钱很棒，却不敢承认有钱的生活很棒；明明觉得挣到钱很爽，却不敢承认拿到钱的那一刻很爽；明明很希望所做得所偿，却一定要说“不要紧，我最不看重钱了”。一边要着“不爱钱”的嘴，一边暗地里为损失和被克扣掉的钱心痛肉痛的。之所以这样，是因为我们一直觉得钱是有罪的，无论靠什么赚钱，只要是承认自己想赚很多的钱，就是不上道。

钱招你惹你了？

它被造出来，是要得到最大的尊重和最有效的使用，实现最大的价值。并不是像西晋王衍那样口不言钱，就是清高了。王衍老婆整他，趁他熟睡，将一圈钱绕其一周，看他怎么下床。结果他醒来一见，即唤仆人：“举却阿堵物。”那意思是，拿走那堵着我的东西——金钱就这么被他厌恶吗？搞得他连“钱”这个字都不肯说。可是他享受的还不是钱带来的生活。

钱没有罪，是我们对钱的态度有问题。

我们爱钱却不敢承认爱钱，没了钱想钱，有了钱恨钱。钱少拼命搂钱，钱多不是拼命护钱就是拼命散钱，不是把钱当二大爷就是把钱当三孙子，左闪右躲就是不肯把钱摆在它应在的位置。

谁规定拾金不昧后就不能接受失主赠予的酬谢的？

谁规定奉献高于一切，老师就一定要清贫的？

谁规定科学成果就要无偿送人使用的？

谁规定即使爱钱也不能宣称自己爱钱的？

谁规定钱是臭的，不是香的？

谁规定钱多是孽财，是罪恶的渊薮、万恶之源的？

做自己爱做的事来谋生，理直气壮地接受应当获得的报偿，这既无损于你对工作的热爱，也无损于你所从事的事业的荣光。发财不是错误，有钱不是罪过。这个世界上，坏的，并不是钱……

4 放不下的时候，可以不放下

大家都说放下，放下就一定是对了？我就是放不下，放不下有什么了不起？当我们这样想的时候，其实已经把“放下”这个执念放下了。

生在俗世间，大家皆凡人。凡人就是要生活——就是想办法活着，还要想办法活得好，有房有车有钱有爱情。

所以每个人都好忙，忙着抓房抓车抓钱抓爱情。

我对前几年的情形记忆犹新，那个时候刚卖了房，又买了房。卖房的程序烦琐得很：要定价、要到中介所挂单、要带人看房；买房更麻烦：要看地点，要到现场监督施工，半夜睡不着觉，还要畅想未来——好几个晚上都睡不着觉，真是俗人，放不下、看不透、想不开、拎不清，明知道世间一切空花幻影，还是执着于空花幻影。

所以那个时候，一边忙，一边有很深的负罪感。自己出版过一本书，名字就叫《有一种智慧叫放下》。李叔同放下了，义玄放下了，那么多人都放下了，可是我自己却放不下。

其实又岂止是我，很多人都放不下。金钱、地位、房子、车子、爱情、亲情，还有怨恨和仇痛。

两年前，我的婚姻因为前夫出轨而解体，又因为我执意离婚，他为了多争财产，便把所有责任推到我身上，还唆使他家里的十口人把我打得腰椎骨折，住进医院，他不但不闻不问，还到处散布谣言。我心里痛恨，无法宽恕。

怎么办？这么恨着，好累啊。也参禅，也修道，也打坐，也听让人淡定的音乐，可是屡屡午夜惊醒，怨痛无法纾解。

后来也就“破罐子破摔”了：放不下就放不下嘛。放不下有什么了不起。

就好比感冒发烧，如果打针吃药强行退热，那是逆势疗法；顺其自然，只用酒精冷水擦身敷额，让它从发烧到不烧，则是顺势疗法。再怎么嘴里念着权，心头萦着情，手指头按着计算器盘算输赢，一来二去的，总有一天人会长大，会成熟，会想透，会看开，结果这股子放不下的劲儿也就放下了。

同一扇窗户向上看是风景向下看是泥土

戊子秋 王振春写

只是我们把逆势疗法的“放下”捧得太高了，不知不觉的，“放下”就变成一种思维霸权。哪怕对一事一时一地一人心正热着，苦苦地放不下，遭受心理煎熬的同时，还得背负沉重的罪恶感，觉得自己的牵挂太多，淡定太少，做人太失败，忒不上道。

可是“放下”真不是那么容易的，人也不是说坚强就能坚强起来，说豁达就能豁达起来，说放下就能放得下去的。唯有面对过真正残酷而不倒下的，才能真正地坚强；接触过真正丑陋而不改初心的，才能真正的美好；体验过真正复杂而能单纯的，才是真的单纯。当一个人像背包袱一样，背着满满的残酷、丑陋、复杂，穿过尘世，渐渐把自己变得坚强、美好和单纯，这个时候的放下，才是真的放下。如果只是因为一点小情小调，小伤小痛，就想着放下、放下，结果只能是这会儿放下了，转眼什么事儿一来，就把负担又背起来了。

人生苦短，活着本来就累，一边背着负担，一边自我谴责、堕落，这不是自虐嘛。

所以说，放不下的时候，就干脆理直气壮地提着。提到累了、倦了、看透了、想开了，你想让自己不放下都不行。

再说了，大家都说放下，放下就一定是对了？我就是放不下，放不下有什么了不起？当我们这样想的时候，其实已经把“放下”这个执念放下了。

所以说到现在，我虽然仍旧是恨的、厌的，但是，因为我承认了这种情绪的存在，它们的力度反而一天天减弱。近来我已经很少再做那种恨怒滔天的梦了，迟早有一天，我会想不起来的。事实上，现在就已经很少想起来了。

真好。

5 这个世界上没有正确和不正确

打破头脑中固有的“正确”或者“不正确”的观念。当你认为这样做才是“正确”的时候，想一想它是不是真的正确；当别人教导你那样做才是“正确”的时候，想一想他或者他们是不是真的正确。

我一个妹妹，文笔好，在一家大酒店当文员，原本干得很好，领导看她工作认真，成绩出色，就提拔她当了大堂经理。谁知道这孩子不适应，给弄了个乱七八糟，她不习惯领导人家，人家也不习惯被她领导。我劝她还是退回去，那里才是她的天地。可是她不肯，说放弃这么好的位置，会被别人笑话说傻。

我们从生下来，就被包裹在“正确”和“不正确”的判断里面。吃饭的时候，端着碗是正确的，把碗放在桌子上用嘴去吸溜是不正确的。端坐在椅子上是正确的，蹲在椅子上是不正确的——可是旧时农村里，大家都是蹲在地上或者碌碡上吃饭的。抿嘴嚼饭是正确的，张着大嘴吧嗒吧嗒是不正确的，所以现在的电视剧，哪怕拍的是旧日农村的题材，农民吃饭都是抿着嘴吃，斯斯文文；问题是，我从小时候得来的印象，农民吃饭都是张着两片嘴吧嗒吧嗒地吃，你让他抿着嘴吃，吃不香。睡觉的时候，右侧而卧是正确的，四仰八叉是不正确的——可是有人不四仰八叉着就睡不好觉。古代女子嫁了人，从一而终是正确的，再嫁是不正确的。古代男子娶了妻，多收俩妾室是正确的，只守着一个老婆过日子是不正确的。从古至今，清高到不爱钱是正确的，爱钱是不正确的，会被人耻笑。

于是问题就来了：

正确和不正确的标准是谁制定的？为什么正确和不正确的标准又在变来变去？女人现在肯定不会照着古代那种所谓正确的婚姻观来“嫁鸡随鸡，嫁狗随狗，嫁根扁担抱着走”，离婚再婚是寻常事。听过一个笑话，说在“父母之命、媒妁之言”的年代，一个女子跟着媒人去男方家相亲，一抬头，相亲的对象骑在树上，媒人说：“这孩子，咋这调皮呢！”扭头对女子说：“看见了吧，就是这个后生。人样不赖吧？”女子粗略看了一眼，也算周正，说不出什么别的，就回去了。婚事就这样定下了。过了门才发现老公是个瘸子——当初骑在树上，就是为了遮短处。后悔也来不及了，哭罢闹罢，凑凑合合就是一辈子。那个年代，女子要是敢提离婚，那是冒天下之大不韪；如今女子莫说遇不到这种情形，万一遇到，若是不提离婚，会被人看作是傻子。

所以说，每一种正确和不正确的标准，都是有特定的时代特征和局限的。其实这句话也有它的局限性：杀人放火总是不对的，历朝历代都应当摈弃，可是你看哪一场战争不杀人不放火？哪一场杀人放火不打着正义的旗号，力证自己的杀人放火是对的？我们如今都说希特勒是错的，可是单凭希特勒一个人，没有那么大的毁天灭地的力量，且看那个年代，有多少人觉得他是对的，对他无比拥护，态度无比狂热？

所以说，哪里有什么绝对的正确和不正确？

每个人、每个群体、每个国家、每个宗教、每个社会，都在向你力证他们的正确，好拉你加入他们的阵营；而我们就傻傻地按照人家画出的道道来，如果不这么干，就觉得是自己错了。

怎么办？

打破头脑中固有的“正确”或者“不正确”的观念。当你认为这样做才是“正确”的时候，想一想它是不是真的正确；当别人教导你那样做才是“正确”的时候，想一想他或者他们是不是真的正确。

然后，建立一个“胆大包天”的概念：所有的一切，没有不正确，都是正确的。

的确，发表任何言论的人，站在他的立场上，他的确是觉得正确才说；做出任何举动的人，站在他的立场上，他的确是觉得正确才做。既然如此，就假定他们都正确。那么，这个世界上，就没有那么多的藩篱，这也不许，那也不许。

然后，你就为所欲为吧。

这个时候，问题就来了：你是一个什么人？你想做一个什么人？刚读过一篇文章，写一个出租车司机救了一个出车祸的人，却被反咬一口，说是他撞的，他百口莫辩，赔了人家三万块钱。事后，他气愤难耐：“想杀人，当时我的感觉就是想杀人。看谁不顺眼，就撞死谁！”然后，他憋着这个念头，天天心里揣着一团火。有一天，一个骑摩托车的逆行，撞到自己跟前，他憋不住了：“我真的想撞死他！怎么都是你们这些混蛋违反交通规则啊！怎么总是你们欺负别人啊！我感觉整辆车都发烫了，马达嗡嗡地响！踩！撞死他！”然后，他狠狠地抽了自己一个大嘴巴，都抽得嘴巴出了血，那脚油门儿没踩下去。

他说：“我还是想做个好人。”

看，他自己的选择就来了。他用这个选择，定义了自己是一个什么样的人。当你能够为所欲为的时候，你也就可以在这么多的选择里，去选择怎么说、怎么做，由此界定自己是一个什么样的人。这个“人”，不是别人按照既定规定逼你去“做”的，而是你自己主动、自愿、自觉地去做的。不是因为害怕被笑话、害怕被谴责、害怕蹲监狱、害怕下地狱才被动做出的选择，而是你心甘情愿的选择——你选择这样做，而不是那样做，然后承担这样做的结果，而不是那样做的结果。

这才是最好的结果。

6 成语可以反着想

中国的成语何其多也，渗透到生活的方方面面，影响着思维的边边角角。我们从不加思索地用它们，到思索之后再决定用与不用，自然就会锻炼了思维能力，有助于突破思维局限。

语言是有力量的，一句话出口，会影响人的思维和判断，左右人的行为。成语是从古代流传下来的现成话，大多反映的是一种既定思维，我们总是会自觉不自觉地按照成语的指导行事，却很少去想它是否合理。

要想破除思维局限，反着想成语也是一个方法。

比如“小心驶得万年船”，听上去是好话，可是，如果反着想一下：秦末陈胜吴广起义，元末朱元璋兴明，是小心思虑的结果吗？若再三思虑，小心再小心，肯定不敢行动，恐怕到死一个当奴隶，一个要饭吃。还有，比尔·盖茨退学经过小心思虑了吗？若是他当年思虑再思虑，小心再小心，结果很可能是乖乖地大学毕业，之后搞个大学教授当当——可是大学教授满地跑，全球闻名的比尔·盖茨可只有他一个。

诸葛亮给司马懿摆空城计，就是吃准了他那“小心驶得万年船”的个性，所以才会大开城门，还反复邀请：“你进来呀，我这里无兵无将，快来捉我呀！”如果司马懿进城，真就捉住了诸葛亮，结果老家伙太小心，不敢进，让煮熟的鸭子飞了。

深入地想一想，所谓的“小心行得万年船”，不过是出于恐惧，害怕冒险和前进，害怕由冒险和前进导致的失败，害怕因为失败而失了声名，害怕不幸降临。你看狼，它们在草原上逐驰，既不在乎别人怎么看，也不害怕别人入侵——只要你敢；只有羊才会固守羊圈，屁股死死地抵着围栏，既向往着外面的绿水青山，又打死也不敢向前，还美其名曰“小心驶得万年船”，却忘了小心的结果未必是行船万年，很可能明明是只大铁船，却硬生生地搁浅在小水湾。冒险的结果最坏也不过是失败，失败不过是证明此路不通，请转身绕行，总有一条路抵达成功，总好过一步也不敢迈，活泼泼的人生褪色成一张挂在墙上的老相片。

还有一句成语叫“败军之将不足言勇”。这话听上去没错，可是像马上得胜的将军叫嚣出来的，太嚣张。世间哪有常胜王？读大学时，我的一个同届学兄，比我大八岁。我们

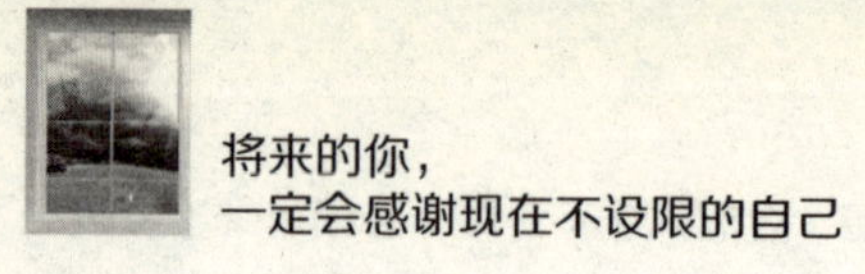

大多数人都是一击即中，他却高考失利，一气连考八年，人称“八年抗战”。若是一次败了便不去言勇，就没有后面的二三四五六七八次，他也就成不了大学生，后面的人生节奏就展不开了：他后来考研成功、考博成功，博士毕业后留校。如今二十多年过去，他已经是艰深的专业领域带头人。虽败而勇于言勇，才使他成为人生战场上真正的英雄。

而且，话说回来，败军之将，你不让他言勇，还能言什么？打了胜仗的人，要言的不是勇，是智，最怕是被胜利冲昏头脑，搞得自己怎么死的都不知道；败军之将要言的，必得是“勇”。这是肉中的一根钢骨，必须有勇气的支撑，才能重新站起，重新打拼。

如果自己是败军之将，对手骂你“不足言勇”，千万不要像只气球似的，被人家三言两语捅漏了气。自信心一失，必败；也不能像气球似的，被人家三气两气，气得爆掉，脑瓜一热，人家肯定占便宜。保持平常心，风物长宜放眼量，看看最后谁得胜。至于有人嘲骂你的失败，说你是“败军之将不足言勇”，如果你把这话上了心，你还得败——败给自己的脆弱与虚荣。

命运无敌强悍，谁敢说自己是常胜将军。所以不是“败军之将不足言勇”，而是败军之将可以言勇，不言勇就没有翻身的希望；败军之将必得言勇，不言勇就没有胜利的可能。

还有“快刀斩乱麻”，听上去好干脆啊，可惜被斩的乱麻碰上快刀，鲜有不反抗者。皇帝坐上江山，普天之下，莫非王土，都由他做主，他就东封一块，西封一块，封建社会就是这么来的。结果就是权力分散，藩王做大，皇帝政令不得推行。想下道圣旨，快刀削藩，却引来祸乱。汉朝的景帝削藩引发“七国之乱”，明朝的建文帝削藩招来“靖难之役”，清朝的康熙皇帝削藩导致“三藩之乱”……

所以，面对一团乱麻，不能快刀斩，要慢慢拆。

油价上调，金融海啸，全世界的汽车制造商的日子都不好过了。为了降低成本，渡过难关，日本的丰田想针对臃肿的行政机构开刀，却没有贸然出手。它采取了几步走：第一步，让每个人都可以“串行”，你会的我也会，我知道的他也知道，一身兼数职，这样可以保证减员后，剩下的工作那些留下的人也能胜任；第二步，行政人员下放现场，更好地了解市场。然后从这些人里拣选出优秀人才担当大任，不称职的人零星开除，这样既不造成人心恐慌，又能精减人员。就像对付一团乱麻，把麻一根根理顺，理不顺的，小小地动一刀，既不至于引发大地震，也避免了你挥刀斩乱麻，而“乱麻”却挥刀斩了你。于是，在美国的通用公司都正式申请破产的时候，丰田的业绩却一路飘红。

再比如“箭在弦上，不可不发”，这话听着不错，可是也得看是在什么情形之下。两三年前，我们本地出了一起绑架

大水漫不过
鸭子背
二〇一〇年

案：两名高中生密谋绑架了一名家境富裕的初中生，以勒索赎金。他们也着实动了脑筋，不想兵行险招，所以想过别的办法：为了接近这个学生，煞费心机地制造巧遇，然后再请吃饭、请看电影、陪打游戏，混成朋友，想尽一切办法赢得对方信任。然后，鼓动这个学生从家里替他们偷出钱来。可是对方虽然年龄小，警惕性却高，说什么也不肯。见此计不成，其中一个高中生就想硬来，直接绑了得了，另外一个高中生说要不就算了吧，他认识我俩，放出去肯定报案，咱们都得完蛋。第一个高中生说："咱们筹划了这么长时间，费了这么多精神，已经箭在弦上，还犹豫个什么劲儿，真不像个男子汉！"第二个高中生一听，热血冲头：绑就绑，谁怕谁！

后面的情节就按部就班地展开了：绑架、勒索、杀人灭口、身陷囹圄。

所以，"箭在弦上，不得不发"这句话，有问题。一方面，箭在弦上，时机不对，也不能发；另一方面，箭在弦上，所行之事不义不智，也不能发。

还有"艺高人胆大"，这话听起来很有英雄气，但是也有问题。我们当地有父子二人行医，儿子是医大高才生，毕业后分到重点医院，意气风发，敢动手术、敢开刀。结果工作不到三年，贸然开刀治死了人，如今被分配到洗衣房。他的老父亲是江湖郎中出身，一生谨慎。大家都夸他医术高明，他却面对病人从来不敢掉以轻心，必得兢兢业业望闻问切，若是遇到疑难病症，也不贸然下论断，施药动针，而是勤翻医书，遍询同道。他这个人就像一条平稳的船，行走了这么多年。

我是初学开车，被老司机教导：我现在这种战战兢兢的状态反而是保险的，最怕的是一两年后，开车开熟练了，艺高人胆大，什么路都敢走，什么车都敢超，觉得公路是自家的，那时候最危险。而他自己已经开车二十年了，事故见多了，自己也出过几次事故，所以开车极稳，别的车都嗖嗖地往前跑，他载着我，就那么慢悠悠地四五十迈往前蹭。所以说，越是多知多懂的，胆子越小，不敢妄言妄行；越是无知者越是无畏，一叶障目，不见泰山，勇胆横生。项羽“艺高人胆大”，结果却是自刎乌江；关羽“艺高人胆大”，却被活捉枭首。所以，所谓的“艺高人胆大”，很多时候都是坑。艺高的人，其实都胆小；越是胆大的人，未必艺高。

以上只是随便举几个成语作例。中国的成语何其多也，渗透到生活的方方面面，影响着思维的边边角角。我们从不加思索地用它们，到思索之后再决定用与不用，自然能锻炼思维能力，有助于突破思维局限。

7 小心掉进“二分法”的陷阱

> 假如你在黑暗中向往光明，你的心就没有被黑暗吞噬；假如你在丑陋中渴念美丽，你的心就没有被丑陋占据；假如你在邪恶中憧憬善良，你的心就没有被邪恶掩埋。

今天中午去一家清真小吃店吃饭，小吃店的墙上挂着一幅大字：唯信真主才能得救。多年前有基督教徒向我传道，表达的是同一个意思，只不过信仰的对象换了：唯有基督才是真神。而我的一个和尚友人向信众推荐了一篇文章：《禅、净、律、密，禅最厉害》。真是，好重的分别心。佛祖八万四千法门度有缘众生，不论哪一宗派，能入得了门就好好修行。好比说条条大路通罗马，条条大路通北京，哪有什么谁最厉害、谁最不厉害之说？

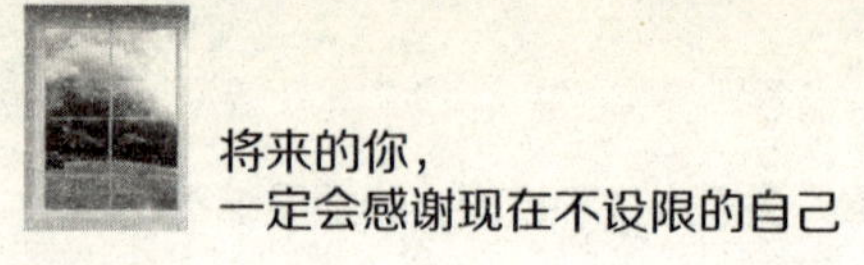

《般若波罗蜜多心经》说：“观自在菩萨，行深般罗波罗蜜多时，照见五蕴皆空，度一切苦厄。舍利子，色不异空，空不异色。色即是空，空即是色。受想行识，亦复如是。”这个“空”字，有十分的好意思：因为一切都是空的，所以禅是空的，净是空的，律是空的，密是空的，一切佛说佛法都是空的。即是空的，又有什么分别、隔膜？万法唯心罢了。用在种种分别造成的分隔上面，不也是一样的道理吗？

这个世界上，有一种思维的确是最普遍，也是最可怕的，那就是：“世间唯有我好”。

春秋战国时期，儒、道、阴阳、法、名、墨、纵横、杂、农、兵、天文、历敷、五行、医方等诸子百家也是各自体认各自的为好。

抬头看看我们的世界：有上有下，有黑有白，有美有丑，有胖有瘦，有大有小，有天有地，有老有嫩，有生有熟，有好有坏……好像处处都有分隔线，把我们生活其中的世界一分为二。小时候看电影，先得分辨清楚谁是好人谁是坏人；上学后，老师教我们要做好事，不做坏事；工作后，我们力争做好人，不做坏人。

生活中，也是各自体认各自的为好：我家比你家要好，我的单位比你的单位要好，我的儿女比你的儿女要好，我的工作比你的工作要好，我的享受比你的享受要好，我的思想比你的思想要好，我的手段比你的手段要好，我的容貌身材比你的容貌身材要好……就像人人都挥舞着一把大刀，东砍一刀，哗，一条银河分两岸，彼此仇恨；西砍一刀，哗，一条银河分两岸，彼此不屑。就这样东砍一刀，西砍一刀。好重的分别心，好重的分别相。

这种二分法造成非此即彼，没有中间带的存在。可事实上，上中下、左中右，超意识、意识和潜意识，过去、现在和未来，以前、现在和以后，任何一种相对的关系里，都有中间带的存在。一件好事发生了，未必就不会产生坏的结果；一件坏事发生了，也未必没有好的作用，就像那则寓言所说的“塞翁失马，焉知非福；塞翁得马，焉知非祸”，又如同那句成语所说：“祸兮福所倚，福兮祸所伏。”疾病是坏的，可是有些人在得了绝症后变得更坚强、更乐观，强似身体健康却行尸走肉一般生活在世间的人。飓风、地震、疾病等灾难是坏的，可是在灾难面前，如果能够发现自我、成就自我，对于自己来说，它又未必真的是坏事了。所以说，这个粗糙的二分法的外在世界的好与坏并没有太大的要紧，更重要的是自己的内心。

元宵节，灯月圆。烟花连成一片，这里明那里暗。时常遗憾烟花短暂，可越是短暂才越是让人怀念。若是一年三百六十五天，天天都是灯月圆，那就灯一般，月也一般了；若是一年三百六十五天，天天都是烟花连成一片，那估计谁也不会多去看它一眼。那一年只有一天的灯月圆，烟花烂，相较起平常的辛苦、劳碌、担忧、痛苦，才显得分外宝贵。有一个小故事讲从前有一个灵魂，它知道它自己是光，但是因为它所在的地方除了光，没有别的，所以它不知道它自己是什么样的。于是它向上帝祈求能够让它知道自己的模样。上帝应许了它，把它投入黑暗。别的同样是光的灵魂则配合着它演了一场戏，它们伤害它，让它痛苦，它埋怨说："父啊，您为什么舍弃了我？"直到有一天，它选择了在伤害中坚强和保持自己的纯真与善良，才明白了上帝的苦心：黑暗让它认识到自己是光的本质，见识到自己灵魂的真正模样。

狄更斯说："这是最美好的时代，这是最糟糕的时代；这是智慧的年头，这是愚昧的年头；这是信仰的时期，这是怀疑的时期；这是光明的季节，这是黑暗的季节；这是希望之春，这是失望之冬。"其实，看你怎么想：这是一个美好与糟糕充斥的时代，这是一个智慧与愚昧兼有的开头，这是信仰和怀疑共存的时期，这是光明和黑暗共舞的季节，这是希望之春和失望之冬同时来临的时候。你是选美好还是糟糕？选智慧还是愚昧？选信仰还是怀疑？选光明还是黑暗？

选希望还是失望？

你把手伸在火上，一秒钟都是长的；你坐在爱慕的人身边，一年都是短的。如果不是热，我们不知道冷；如果不是下，我们不知道上；如果不是右，我们不知道左。那么，为什么一定要夸奖善而诅咒恶？因为有了希特勒的出现，所以我们才知道了和平的宝贵，人种平等和自由，知道了以后坚决不允许下一个希特勒的产生。

我们降生在这样一个世界，目的就是从黑暗中感知光明，从丑陋中感知美丽，从邪恶中感知善良，从不足中感知丰厚，从病苦中感知康健。世上种种，都在试炼人心，看你是不是掉进二分法的陷阱。假如你在黑暗中向往光明，你的心就没有被黑暗吞噬；假如你在丑陋中渴念美丽，你的心就没有被丑陋占据；假如你在邪恶中憧憬善良，你的心就没有被邪恶掩埋。

所以，眼下当务之急是检视一下自己的头脑，看有多少二分法的误区。

8 上帝奖励的并不是勤奋

“安心”是很重要的词，如果不安心，那就不会开心，觉得怎么做都不对……安心了，哪怕步履漂泊，当下也得快乐与安宁。

我的老母亲今年七十岁了。她一生勤苦，嘴边常挂的一句话是：“人生来就是受苦的，不受苦就死了！”所以我给她的钱她也不肯花，一分钱都要攥出水来，一定要忍着过那种凑合吃、凑合穿的生活；她不敢歇息，觉得歇息是罪；不敢享受，觉得享受是罪。

同她有同样思维方式的人还有很多，他们起早贪黑，干得比牛累。一提起来，就是一脸的苦大仇深，说：“我这么勤奋都是为了以后过上好生活。”可是很多时候，还来不及过上好生活，人就过劳死了。要不然就是忙于工作，忽略了家庭。

说到底，我们是中了励志鸡汤的毒了。我就在书上看过一句话：“上帝只偏爱奔跑者。”因为奔跑者肯上进，因为奔跑才能成功。

的确，好像成功的人都是在人生长途上奔跑不辍的，跑啊，跑啊，冲着幸福的目标一路奔跑。

周星驰从一个“跑龙套的”，做到了一代笑匠宗师，他主演的电影笑中有泪，泪中有笑；他导演的电影也是同样的效果。这么一个成功到不可被复制的人，面对记者采访的时候，却反复地重申：“我运气不好。”如果你不认识他，只看他的眼睛，很容易就会觉得，这个人是真的运气不好。他眼睛里充满的不是失意的颓丧，而是一种很深的、静水流深那样的安静的绝望。他说假如可以重来，就不要再那么忙，要“干我喜欢干的事情”。可惜人生回不了头啊，于是他忙着忙着，就剩下一个人了：没有家，没有妻，没有子，孑然一身；一边拍着让人笑的电影，一边静着一双眼睛，说：“我运气不好。”

——勤奋地跑啊跑，他把幸福跑丢了。

如果有这样两个小孩：一个在后院高高兴兴玩泥巴，一个在前庭里辛苦且痛苦地奔跑，你更想要你的小孩做哪一个？一个在海上辛勤打鱼的渔夫和一个在树荫里躺着睡大觉的渔夫，你又怎么知道上帝更喜欢哪个？假如这个辛勤打鱼的渔夫一边劳累一边哼歌，无疑，他是深得偏爱的，因为他从工作中得到了快乐。假如他一边挥汗如雨却一边咒骂命运，痛恨世界上一切不劳而获的人，巴不得他们都死光光，你以为上帝会喜欢一个装满黑色毒药的瓶子？

所以，谁快乐、谁平静、谁自由、谁幸福，谁就是被深深偏爱的。相信我，就算这个世界上真的有上帝，你奔跑不奔跑，上帝也根本不在乎。他在乎的是我们行走或者奔跑的时候，是不是哼着歌。

外国的街头，一个小女孩向一个正在街头拉琴卖艺的艺人的帽子里丢了一枚硬币，然后他开始演奏；然后，另一个演奏者静悄悄地出现了，坐在旁边一把椅子上，拉起他的大提琴；然后，又有三两个出现，有小提琴，有贝斯；再然后，各种各样的乐器都来了；再然后，架子鼓也出来了；最后，乐队指挥都出现了。刚开始低沉的琴音被激昂而配合默契的贝多芬第九交响曲代替，响遍全场。围观的观众，一开始零零星星，结果越聚越多；一开始心不在焉地旁观，到最后投入其中，大家一起放声歌唱。

看，这么多的街头天使，他们在弹奏，在演唱，在用音乐说话："来啊，来吧，我们一起唱，我们一起笑。"看到这个视频的时候，我真的就隔着小小的电脑屏幕，一点一点地，绽放了一个大大的笑容。而之前，我过的是什么日子啊，不停地写作，不停地赶稿，不停地奔跑，皱着眉头出着汗，心头除了疲惫，没有别的话讲。

有一个奶酪小店，被好莱坞电影导演发现，将它作为拍摄地。这个地方算是出了名，若按常规思维，店主不是应该利用这个平台，扩大经营，发一笔大财吗？可是店主却依旧像从前一样，跟所有走进他店里的大学生打招呼：“Hi，马修的奶酪是马修亲手做的哟。”虽然现在买马修奶酪的人排起了长长的队，但马修却说：“我只是一个热爱做奶酪的人，埋头干活，远离麻烦。”为了远离麻烦，他甚至拒绝了家乐福、欧尚这样的大型连锁超市的配货订单。“我们在这儿非常快乐，我对现在拥有的一切感到非常满意。够了。”他说，“我并不富有，但钱对我就像甜布丁，多了会毁掉我的牙齿。”

真是一个明白人，知道快乐比什么都重要，比富有重要。

当下，中国人的普遍心理状态就是不安。“安心”是很重要的词，如果不安心，那就不会开心，觉得怎么做都不对，赚再多的钱也不对，有多少人陪伴也不对。安心了，粗茶淡饭也开心，有情了，饮水也开心；忙时种花，闲时卧草也开心。安心了，就不会为蝇头小利斗智斗勇，为房车名位奋勇争先，在对物质的不间断追求中频把流年换。安心了，哪怕步履漂泊，当下也得快乐与安宁。

你说，假如你是上帝，会不偏爱这样的人？

人生如河
該来的总会来
該走的又总会漂走
当下最好
王家春悟记之

第三辑

要想成功不设限，必须人生不设限

什么样的人生才算是好的、成功的、圆满无缺的？有人说是要金榜题名、洞房花烛，有人说是要有钱有权，有人说是要有闲有健康。那么，没有考上大学的人生就不好？不能举案齐眉的人生就是失败？无钱无权的人生就不值得一过？无闲无健康的人生就绝望得看不见明天？凡是这样想的，都是让自己的人生受到极大的局限，妨碍了我们寻找快乐，也就阻滞了我们通向成功的脚步。人生的范式是没有限制的，有关人生的想法也不应有限制。

1 人生没有残缺

如果说身体残缺是意外，精神残缺则是主动所为。意外无法控制，主动所为却可以转换方式，关键看你选择怎么对待。你选择你的人生没有残缺，那你的人生就真的没有残缺，一切都是恩待，一切都是成全。

有一个人，命运很悲惨。她是一个患上绝症的病人，得的病叫作“三好氏远端肌肉无力症”。刚开始只是一两束肌肉群不听大脑指挥，后来会衍进到全身所有肌肉群都不听大脑指挥，结果就是意识清醒，全身瘫痪，连眨下眼皮都不行，就那样眼睁睁地迎接死亡。

真惨。

更惨的是，这种病全球只有40例，她是其中一位，姐姐是一位，弟弟是一位。

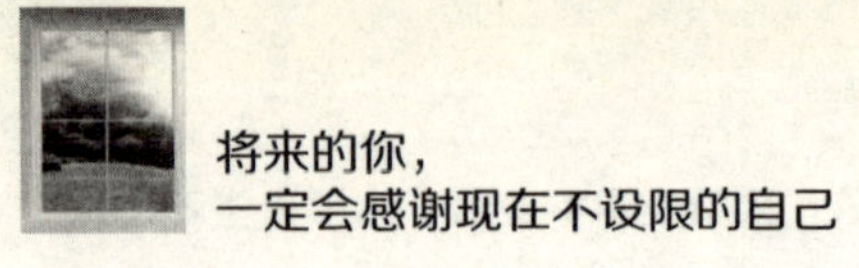

小时候，她动不动就摔倒，别的孩子能翻身往起爬，她却只能把全身重量都压在手臂和膝盖上，爬到路边或墙边，然后再慢慢想办法让自己沿着高处往起站，真痛啊！

19岁那年，她、姐姐和弟弟同时发病，医生叮嘱他们："赶紧做自己想做的事。"这分明是下了绝症死亡判决书。姐姐崩溃，想死，她却不想。她想的是怎么才能有尊严地活下来。她劝姐姐："你连死都不怕了，为什么还会害怕活着？"然后，又说服妈妈不要再带着姐弟仨奔波求医，因为"人生有比看医生更重要的事情"。

然后，她鼓起勇气，走上社会。打车的时候，别人一举步就能上车，她却得先扭身把屁股坐到座位上，再用手一只、一只搬起自己的脚放进车里。有一天，她遇到一个司机，司机看她上车的别扭模样，得知她患了先天的恶症，就告诉她自己的不幸遭遇：太太肾脏萎缩，住了很久的医院，现在恐怕不行了。他的儿子智商不足，只能关在家里。小孩子不听话，他就打，把小孩子打得一直哭，哭累了，就睡着了，然后他才能出门赚钱养家……

这件事让她非常真切地感受到，这个世界上不幸的人真多，不止自己一个。后来她想，其实，司机是看到她的不幸，所以自揭疮疤，来笨拙地安慰她。于是她想帮助弱势群体中的更弱势者，她说：“我期盼所有老弱病残，都能不再活在恐惧与无助中。”就这样，人生有了目标，她开始鼓足勇气，勇往直前。在宏大的生活目标面前，她说：“我们的生命不够长，不能浪费时间在愤怒、吵架、报复这些事情上面。”

现在，她不仅是新闻主播，还担任弱势病患权益促进会的秘书长、罕见疾病基金会和中国台湾生命教育学会的代言人。2007年，她与一位台大教授结了婚，2011年接受国民党征召参选，希望“为老弱病残打造可长可久的安身立命制度”。

这个人叫杨玉欣。照片上的她，眼神明亮，笑容灿烂。

还有一个人，也很倒霉。他和朋友通电话，外面下大雨，一道闪电把他劈焦了。这道闪电至少高达18万伏，电流烙得他浑身布满黑色纹路，整个心脏都麻痹了三分之一，专家都说这人肯定没救了。

结果他居然活了。

不但活了，而且一当他稍微能动，就开始了艰苦到极点的复健工作。

他哥哥给他带来一本《解剖学》，又用衣架替他做了一个头套，把铅笔插在上面，让他能利用铅笔上的橡皮擦来翻书。这景象，想着都滑稽。他对比着书上的图画，从手上的一束肌肉看起，集中注意力，和它说话，不听话就诅咒它，

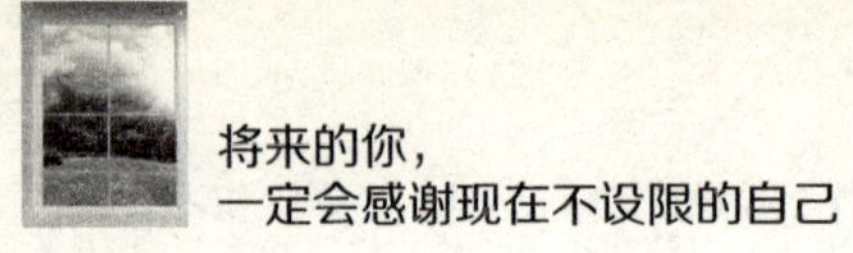

并且试着移动它，哪怕只能移动八分之一英寸，他都高兴得要死。

几天后，深夜，他决定下床，身体落地，发出“砰”的一声；然后他像毛毛虫一样蠕动着，用肚皮慢慢转动向前进，抓住床边的铁条、被单、床垫，好几次都跌回冰冷的地板。天亮之前，才终于又爬回床上。他不但不沮丧，还像攀登了高高的山峰一般快乐和疲倦。

除了他自己，没有人相信他可以活过来。他那竭力呼吸的样子让人觉得他不过是奄奄一息地捱时间。有一回，邻居来探望他，结果他的模样刺激得人家差点吐在他身上。医生也说：“让他回家过他最后的日子吧！他在家会舒服些。”

谁想到，雷击让他的大脑也受了损伤。有一天，他发现一位女士坐在他身旁，就问：“你是谁？”女士一脸震惊：“我是你母亲！”

两个月过去了，那年的除夕夜，他决心自己走进餐厅，就用两根拐杖撑着，缓缓地向前移动，看起来像是一只半死不活的螃蟹，拖着大钳子，爬过干涸的陆地。花了好长时间，才终于走进餐厅，他累得气喘吁吁。陪他同行的妻子叫了两碗汤，结果汤放在面前，他头晕目眩，一头扎进碗里。

为了治病，他卖掉车子、股份、房子，彻底破产，债务压身，满身残疾。有人问他这么活着有什么意思，干嘛不自杀呢？他反问："我为什么要自杀？"

话虽然这么说，不过有段时间他确实想死，因为活着实在太痛苦了。可是他却一直活下来，并且又开始工作，赚钱养家，并且把事业做得有声有色。这个人叫作丹尼·白克雷（Dannion Brinkley）。

所以说，天底下的人，谁也真的说不上一帆风顺。几乎每个人都像一只碗、一只碟，或者是玉石做的，或者是玻璃做的，或者是不锈钢做的，有的天天被拿来用，有的被供在高处，可是谁的身上或心上都有大大小小的伤痕——毕竟我们生活在一个由地火水风组成的粗糙世界中，谁能说自己没有残缺。厄运加身，难免怨怪命运，似乎自己只是一个可怜的受害者。

不过，若是换一个角度看呢？

人的残缺，也许是灵魂在超意识层面对自己做出的选择，好让自己面对挑战，发现自我、重整自我、焕发自我。若是那样，就没有什么可抱怨的，唯一要抱怨的，就是你把用来发现自我、重整自我、焕发自我的机会活活浪费掉了，附带着浪费掉本属于你的无限潜能和无限光荣。

说到底，身体上的残缺不能算是真正的残缺，跌倒了趴在泥地里不肯起和明明没有跌倒也要在烂泥潭里打滚的精神残缺才是真正的残缺。如果说身体残缺是意外，精神残缺则是主动所为。意外无法控制，主动所为却可以转换方式，关键看你选择怎样对待。

你选择你的人生没有残缺，那你的人生就真的没有残缺，一切都是恩待，一切都是成全。

不信？试试看。

2 平平凡凡也是好

人必须经历艰辛和劳累，衰老和疲惫，哀痛与生死，才会懂得有一大把平平凡凡的日子攥在手里去过，是最幸福的事。

一个画家朋友包了一百亩的土地，分割成块，再分包出去，供人们体味种菜之乐。朋友大发慈心，“赏”了我们一块地，如给小孩子一片纸，又提供菜籽如同笔，供我们写写画画，随意涂鸦。

我们“涂”的是白菜和萝卜。

如今成熟，将要收获，数行白菜与短短一行的萝卜挤挤种着。用细绳把白菜叶片松松拢着，外面的大叶子把里面白白的嫩叶子包裹住。然后就看见了那棵菜。

不成材。

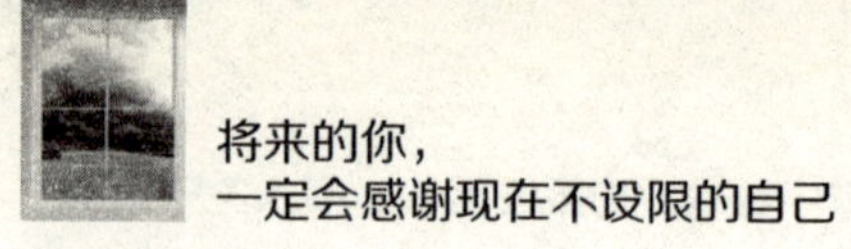

散叶片片铺展开，开成一朵牡丹花的模样。

绿牡丹。

层层叠叠的瓣，午后秋日的阳光淡暖淡金，照得它莹透如同翠玉，脉络丝丝精致得不真实——你一棵大白菜长成牡丹花的模样到底是怀着怎样的一个心思？

收毕白菜，晚上去市里聆听一位老先生的教诲。先生姓董，七十余岁，大名子竹，念通四书五经，勤于布道讲学。和七七八八的人坐在他的房间，听他讲论人心，说世界上绝对的公平、公正、公开的大同世界其实很难存在，真正的天堂是人人都能够在他自己的位置安居乐业，我贸然插了一句嘴："各安其位。"老先生说："对，各安其位。"

可是很难。人从来都是得陇望蜀，这山望着那山高是常事。

我的小孩是一个比较普通的小孩，日前开家长会，代表学生发言的没有她，上台表演节目的没有她，她的同窗、好友、宿舍的好姐妹都一个个上台了，而她在台下是那个一脸兴奋的鼓掌的人——一个被边缘化的好小孩。家长会散了之后，她拉着我，去看教室的外墙，上面都是学生们的涂鸦，里面有一圈一圈的彩色泡泡，还有一颗大大的镶金边的红心，她拉着我的手说："妈，妈，这是我画的。"

我拿出相机，认真拍了下来，就像在教室里拍孩子们唱歌的时候，我拿相机扫遍全教室，然后认认真真拍她专注聆听的侧脸。妈妈在，妈妈爱她，关注着她。

牡丹是花王，吸引了世界上数以千亿计的目光。世上的普通人千千万，就像栽种在泥土里的成排成阵的大白菜，它们也都有一颗想长成牡丹花的心啊。

每个人都希望自己的成长过程被瞩目，被鲜花和掌声陪伴，没有人不害怕平凡。可是不是所有人都能得偿所愿，甚至大部分人都不能得偿所愿。我们日复一日地过着平平凡凡的每一天，想到这些，甚是让人觉得疲惫与伤感。

可是，平凡，又有什么不好呢？

几年前，我在新单位门口等车，走过来一个男人，人高马大，就是太瘦，身上披一件外套也显得空空落落，眼圈黑得像熊猫。他跟我没话找话："干嘛呢？"

"啊，"我说，"我在等车。"一边回答着，一下子想起来，这个人我见过。

他是一个科室的科长，说话声音洪亮，气势雄壮，昂着头走路，一副瞧不起人的模样。我给他送过一次材料，人家不肯理我。

结果两天后，就听说他住了院，紧接着又听说他开了颅，脑子里长了不该长的东西。再后来听说又转到北京的大医

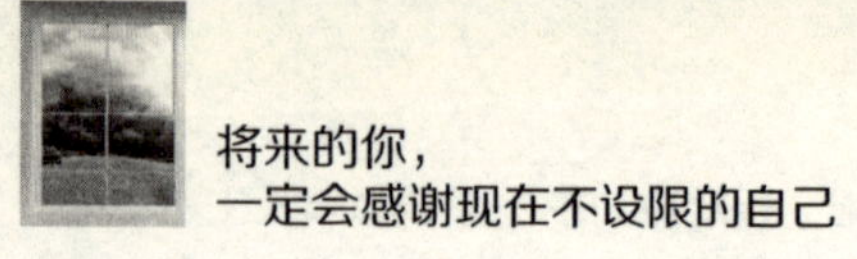

院去了，因为肝上也发现了病变……

听说这些消息的时候，还是夏天，一转眼秋天到了，谁想到他出了院，变得这样憔悴。就这个样子，还来到单位，见个人就搭讪。看到他的样子，让人想起“时日不多”带给人的恐惧。

日子，真是一个普通又让人遐想万千的词。

我们自从降生，好像盛宴开席，日子就像一盘又一盘的菜，吃一盘就少一天。又像身上一层层御寒的冬衣，一降生就裹得厚厚的，过一天就脱一层。到最后，菜也吃完，衣裳也褪尽，不得不回归空虚。以往觉得没意思的日子，就算想再过一天、一时、一刻、一分、一秒，也是不可能的事。

看过一篇文章，说人随着年龄的增长，愿望会层层递减。从有钱真好，有爱真好，有健康真好，到活着真好。就算你的生活很苦，很累，自己觉得活着真没意思，可是却不知道有多少人正羡慕地看着你手里那一摞厚厚的日子。

那个写《小王子》的飞行员说，人必须千辛万苦在沙漠中追风逐日，心中怀着绿洲的宗教，才会懂得看着自己的女人在河边洗衣其实是在庆祝一个盛大的节日。的确，人必须经历艰辛和劳累，衰老和疲惫，哀痛与生死，才会懂得有一大把平平凡凡的日子攥在手里去过，是最幸福的事。

3 你的人生独一无二

那妄自菲薄的人，只要不妄自菲薄，别人就不会对你妄自尊大；那妄自尊大的人……只要明白所有人的人生都独一无二，他就不敢对别人妄自尊大。

孩子读高中的时候，一次去开家长会。班主任老师非常详尽地向家长介绍了学校、班级、各位同学的情况，事无巨细，周到尽心。最后，还用PPT给家长和学生们放了几段格言，勉励孩子们多读书，珍惜光阴。别的格言都很好，有一条，让人心里有些不安：

“虽然我们对于世界来说很渺小，但是，我们却是父母最大的骄傲。”

这句话的后半句没有问题，关键是前半句，多么自卑啊！

我们怎么就渺小了？

你走在街上，遇到有人向你问路，你微笑着耐心解答了这个对你来说很简单的问题，那个被友善对待的人一整天心情都很好，然后有一个人向他手里塞宣传单。若依原来作风，他可能理也不理就走开，如今却面带微笑接过一张，继续走路。那个向他塞宣传单的人原本屡屡饱受冷脸和冷眼，决定干完这一天就不干了，却因为他的微笑和友善重新鼓起勇气，继续坚持辛苦地工作……

继续：那个最初被你友善回答的人对这个城市也产生了莫名的好感，他每次来这里，都会觉得温暖。也许他后来都忘记了产生这种温暖的原因，但是这种感觉却一直留存在他的记忆里，并且像自带的体温一样，散发出去，温暖别人。当别人向他问路的时候，他也不自觉地温暖回答，于是又一轮新的循环开始。而那个发宣传单的人终于完成了每天的定额，随着工作业绩的不断提高，获得了升职和加薪，有了稳定工作，若干年后，买了房，结了婚，在这个城市定居下来，开始他安稳而踏实的一生。而他在街上走着的时候，肯定也会面带笑容，对待向他发宣传单的人，于是，又一轮新的循环开始……

你敢说，你的一个微笑，你的一次友善而平常的举动很渺小？

你走在街上，遇到有人向你问路，你淡漠地看他一眼，冷冷地说："不知道。"然后继续走自己的路。那个问路的人站在街头，一片茫然，心里也感觉冷冷的。他甚至在短时间内都鼓不起勇气向另一个人问路，生怕遇到同样的对待。眼前这个城市，好冷啊，真让人难过。这时，一个人向他手里塞宣传单，他的心头蓦地一阵发烦：走开！他一把把宣传单扔掉。那个塞宣传单的小年轻脸上仍旧带着笑，心里却结了一片冰：这个工作真没劲，我的人生真没劲！他回到家里，和父母大吵一架，揣着仅有的二百元钱离家出走，误入传销窟，从此坑蒙拐骗，走上了不归路。他继续发散着他的负能量，每个受他辐射的人，也都开始发散负能量。而那个最初被你冷漠对待的人，对这个城市也种下了恶感，他对他的亲朋好友说起来的时候，从来都没有对这个城市有一星半点的称赞。于是他的亲朋好友也对这个城市充满了恶感，于是，开始一轮新的循环……

你敢说，你的一个白眼、一个冷冷的动作和表情很渺小？

一只蝴蝶拍一下翅膀，能掀起遥远的地方的一场庞大的海啸。所以，无论谁明示暗示说你的人生普通而又微小，你都要明了：你一点、一点都不渺小。你的人生独一无二。

你生活在这个世界上，有自己独有的面貌、个性、脾气、性格、情感、思想，有自己独有的亲人，有用自己的眼睛看到的独特的世界，当你闭上眼睛，整个世界就随着你一起沉入黑暗。而即使是一个所谓的微不足道的人的死亡，也会给他的朋友、父母、亲人、爱人、友人，带来无尽的孤独和伤痛。有一篇小说描写一个无家的流浪汉，没有朋友，没有亲人，每天把自己要来的一点饭，分出一半给流浪的猫狗。当他被一辆疾驶而过的汽车撞飞，停止呼吸，被人抬走之后，那些流浪的猫猫狗狗，还长久地在他出事的地方徘徊，哀鸣……所以，没有谁真的是微尘。

诸葛亮要率军出征，临出发前，通过《出师表》对蜀汉后主刘禅谆谆告诫，他并没有告诫他不要妄自尊大，而是告诉他："不宜妄自菲薄，引喻失义，以塞忠谏之路也。"他在告诉刘禅，不要觉得自己所做的一切事都无足轻重，因而就胡作非为，你一身牵系整个蜀国的安危。

而对我们每个人来说，也同样如此，不要觉得自己所做的一切事都无足轻重，或者自己这个人本就无足轻重，于是就无为或者胡为。你一身不但牵系着你一个人的安危，还牵系着一个家庭的安危，一个集体的安危，一个国家的安危，以及整个世界的安危……

当然，妄自尊大也不好。

出去吃饭，遇到老同学。我直呼其名，他不应，旁边人拉拉我的袖子，悄声说，要叫"科长，科长"。哦，我换个说法，叫“尊敬的李科长好”，他笑笑地举起酒杯，优雅地说：干。

出去逛街，又遇到熟人。这次还是他。离上次相见，已隔一年。我惯性地伸出手去，说：李科长，您好。结果他神色一滞，旁边他老婆赶紧拽拽我，说，叫局长，局长。哦，我重新伸手，说：尊敬的李局长，您好。然后对方笑笑地伸出手，用四根手指和我轻轻一触，优雅地说：好，好。我心里说，连你老婆都得叫你局长了，这什么世界？

妄自尊大的人其实不是他自己要妄自尊大，是被人娇惯出来的，人家敬他的地位，惧他的权势，于是冲他笑着弯腰伸大拇指，他就觉得自己真是高人一等的。

妄自菲薄的人其实也不是一定要自己瞧不起自己，只不过是被人踩踏得直不起腰来，见到比自己“高贵”的人就习惯性地堆下一脸笑。

妄自菲薄和妄自尊大，代表的都是不和谐的社会因子。那妄自菲薄的人，只要不妄自菲薄，别人就不会对你妄自尊大，因为你知道你是独一无二的一个人，没有理由自轻自贱，旁人又怎敢把你看得轻贱；那妄自尊大的人，只要明白所有人的人生都是独一无二的，他就不敢对别人妄自尊大。

因为每个人都是独一无二的。

大胆唱出自己的歌

4 得到永远比失去多

人的一生就这么得得失失、盘盘算算地过去了。不会盘算的人总是想着自己失去了多少，会盘算地人总是想着自己又得到了什么宝贝。

不讲“舍得舍得，有舍才有得”的大道理，反正得到的永远比失去的多。每个人都是这样，每件事都是这样，就看你怎么看、怎么想。

两年前，我参加了河北省第一届散文大赛的颁奖仪式，一个盲人获了一等奖。这几千字的文章，他是怎么写出来的？按规矩他要上台发言，一个七尺高的汉子，被妻子搀扶着，摸摸索索走上台去。他患疾失明时，大学毕业还不到一年，如今看样貌已经四十多岁了。

散会后，他的妻子搀扶着他，和大家一起参观酒厂。别

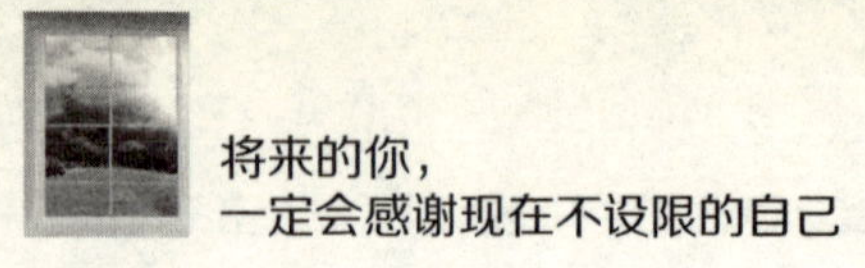

人能看见的，他统统看不见，你说他参观个什么劲儿？可是你都想象不到他在发言的时候，说了些什么。他说，我感谢眼疾，是它让我领略到人间最大的真理：爱。

周围许许多多的人，个个眼目明亮，人声喧嚷，歌笑鼎沸，可是透过那些面皮看见的却是许多叫嚣的欲念，却独独于这个失去光明的人那里，“爱”这个字被表达出来，纯净如水晶。爱世界，爱他人，爱自己，爱命运。他虽然目盲，却超越心灵的最大局限——他失去了看世界的双眼，却体悟到世界上的终极真理。他的心灵变得干净丰满，睡觉睡得着，吃饭吃得香，这是多少高僧大德毕生追求的目标：“当吃饭时吃饭，当睡觉时睡觉。”你说，他是失去的多，还是得到的多？

还有一个少年。他的生活本来很正常，却忽然在十四岁的时候，从收音机里听到了一个声音：“吊死你自己，没有你世界会更好。你是个坏小孩，坏到骨子里。”

从此，他的脑子里时时刻刻都会出现一大堆声音，命令他、诱惑他采用各种方式自杀，因为他是个废物。他的父母不肯承认他患有精神疾病，他也强装自己一切正常。十八岁那年，他提着皮箱，被冷漠的父亲送到纽约，从此要靠打工养活自己。从此，他脑海里怂恿他寻死的一大堆声音更是变本加厉，声音还讥讽他是胆小鬼，不敢死。最终他被关进精神病院，受尽虐待。他一次一次地自杀，又一次一次凭着求生的本能活过来，转眼三十二年过去了。他的父母只来了一次精神病院留下一些钱，之后便再也没有来看过他。

他病情好转以后，给父亲打电话，请父亲把自己接回去，可是父亲不肯。之后，他杜撰了自己的学历，说自己是哈佛大学毕业，又杜撰了父母死于车祸，自己有一个儿子，儿子的名字就是他弟弟的名字。他骗取人们的信任，从事体面的工作，可是，他再次被脑海里的声音摧毁，再次出走，再次流浪，再次被关进精神病院。就这样，他肥胖、痴呆、流口水，对生活彻底无望，每天只有脑海里那堆逼他、诱他寻死的声音与他为伴。

一个医生建议他试一种副作用很小的新药。他开始坚持服用，病情终于好转。他开始做一些力所能及的工作，甚至开始为精神病人争取投票选举的权利。“一个人有精神疾病，和无能根本是两码事，”他说，“政府有那么多措施攸关我们的生活，为何我们这些有精神疾病的人要在政治上保持沉默？”在他的努力下，单单纽约一州就有三万五千多名重度精神病患登记投票，他们之中大部分都是第一次行使投票权。

忙碌的生活使他没有注意到一件事。有一天，他坐在客厅的沙发上，猛然发现：脑子里的声音停止了。他吓坏了，蜷缩在浴缸里，直到接受这个事实。他给他的父亲再次打了电话，父母在圣诞节那天来了，可是弟弟不肯来，怕他的精神病会传染。不管怎样，他说：“对我来说，幻听消失的那一年的圣诞节意义最深远。在那一年，我重回上帝的怀抱，并对我新家庭的每一个成员——包括我父母在内——表示了感激。同时，我也知道要如何善用上帝给我的第二次机会。”

他到处讲述自己的故事，为的是让和自己有同样痛苦经历的人树立起战胜病魔的决心。他接听了很多电话，倾听别人的苦恼。他还拯救了一个和他当年差不多大的少年。有一天他坐在一个大学的草坪上，看着毕业生欢快地步入会场——当年，若是他能够得到适当的帮助，也会像这群毕业生一样快乐。然后他见到这个男孩，个子高高的，面带微笑。

他想：这是一个奇迹。

是的。他的生命就是一个奇迹——他出版了他的自传《声音停止的那一天》，他叫肯恩·史迪。

想想看，他经受过怎样的痛苦、冷落、虐待，他却仍然在感激自己得到的东西。想想我们自己生活中发生的每一件事，只要你肯正面看待，总会有美好。人的一生就这么得得失失、盘盘算算地过去了。不会盘算的人总是想着自己失去了多少，会盘算的人总是想着自己又得到了什么宝贝。

想让自己活得快乐，就得从“我失去了很多东西”这个观念，转变到“我得到了很多东西”。

5 没用比有用更有用

他这个人就这样，也没有什么责任感，更不会有什么奋斗目标。他只管把自己的事情做好，好比把水一滴滴地滴在石头上，时候到了，改变就发生了。

头一次见到这么没用的人。我是在柴静的书《看见》里知道这个人的。柴静采访他的时候，他正坐在草地上，七八个孩子在他怀里乱滚。这是广西的一个山村，父母在外打工的多，村里的留守儿童也多，他就在这里陪伴着这些孩子们。只要他一出现，男孩们就奔过来，像小猴子一样纷纷挂在他身上，叫他“老爸”，还问他一些怪问题：“你说大马蜂窝会不会掉下来？”他回答得很诚实：“不知道。”

他叫卢安克，是个德国人，到中国旅游，就此留了下来。1997年，他在南宁的一所残疾人学校义务教德文；1999

年，他到河池地区的一所县中学当英语老师，因为不能提高学生的考试分数，只好离开；2001年，他开始在板烈村小学支教，然后就一直住在十万大山里，直到中年。他不拿当地政府的工资，每个月一百元的生活费，靠的是翻译书和父母的资助。他不是风格高，而是怕拿了学校的工资，学校跟他要考试成绩。

——真是，一个没用的人。

孩子们皮得厉害，非常难管。一个小皮孩儿掰着卢安克的胳膊看他："你会死吗？"

"会。"

"你死就死，跟我有什么关系，我舒服就行。"

卢安克搂着他，对他微笑："是啊，想那么多，多累啊。"

柴静问他："这话你听了不会感到不舒服吗？"他笑了一下，也不剖白，说："我把命交给他们了，不管他们怎么对待我，我都要承受。"

课堂上秩序很乱，男孩子们大叫大闹，甚至骂他、嘲笑他。他也生气，想发脾气，却又抑制住了。男孩子说："我管不住自己，你让我出去站一会儿。"卢安克就开门让他出去站着。他说："文明，就是停下来想一想自己在做什么。"

他这个人就这样，也没有什么责任感，更不会有什么奋斗目标。他只管把自己的事情做好，好比把水一滴滴地滴在石头上，时候到了，改变就发生了。

可是这种改变实在太慢了。他教的班里一共有四十六个学生，只有八个人初中毕业，大多数孩子没毕业就到城里去打工了。有的甚至还没读完初一就结婚了。有的学生父亲来找他，埋怨他说："我的儿子就因为学你，变得很老实。吃了很多亏。"他说："我的学生要找到自己生活的路，可是什么是他们的路，我不可能知道。我想给他们的是走这条路所需要的才能和力量。"

是什么样的才能和力量呢？大约就是接纳现实，承受命运，顺从际遇，随遇而安。别人很佩服他，他说："别人佩服我的地方其实是我的无能，我无能争取利益，无能做判断，无能去策划目的，无能去要求别人，无能建立期待……没有任何期待和面子的人生是最美好和自由的。因为这样，人才能听到自己的心。"

这样的人，身上不会充满戾气、不满、怨恨，不会堆积着满满的负能量，因为别人给了一个白眼就要把人打一顿；当然也不会获取种种世俗所谓的"高贵"的身份，以至于出有车、食有鱼、下雨有人帮着打伞，人们争相趋附。

可是奇怪得很，这种无能的力量却像磁石，吸引着一代一代的人跟随。

我的父亲，说实话，就是一个无能的人。我少年时，还对他的无能至为痛恨。集体经济的时代，他年年当生产队的小队长，什么好处也没有，就只有别人不干的重活苦活由他去干。一生没和人吵过架，更不用说动手打架了。如今病瘫在床，邻居们纷纷帮着母亲做搬搬抬抬的这事那事，说不清什么原因。

所以，谁说卢安克是无能的？柴静在报道结尾说："就像一棵树摇动另一棵树，一朵云触碰另一朵云，一个灵魂唤醒另一个灵魂，只要这样的传递和唤醒不停止，我们就不会告别卢安克"。她的同事写给卢安克两句话："你让我想起中国著名的摇滚歌手崔健的一首歌——《无能的力量》，这种'无能'，有的时候，比'能'要强大一百倍。"

世界上有大能的人很多，无能的人也很多。但是大多数人却不甘于无能，而愿意具备为人所用、为社会所用的能力，就像一棵树，想努力使自己能够做桌棒板凳，再不济做做砧板也行。有用当然是好的，不过若是实在无处可用，也不必怨恨。一棵奇大无比又不堪做家具的树，也可以站在旷野中，栉风沐雨，给世人搭起乘凉的树荫。也许世人会淡忘了奔波赶路、追风逐日的艰辛和获得所想的风光，却会时时怀想着这一团绿荫的清凉。由卢安克陪伴的孩子们都已经长大了，离开学校前，他们一人一句，乱凑了歌词来唱。那个最皮的，说他“你爱死不死，和我有什么关系”的孩子凑出这么几句歌词：

“我们都不完美
但我愿为你做出
不可能的改善。”

6 读什么样的书都行

读书是极端个人化的行为，引申一下：不读书也是极端个人化的行为，没有人有义务给好读书的你颁奖，也没有人有权利给不好读书的你定罪。

世界上的书也是各种各样的。名著也是良莠不齐的一群，好多都是占了一个先机，因为“出生”得早了，沙汰之后留了下来，于是被人关注和研究，升格成了名著，其实里面的糟粕蛮多的，比如《儿女英雄传》，到最后结局是一夫二妻，花开并蒂，多么俗气的团圆。当然文笔是好的。还有的写得固然是好，可是距离时代远了，理解、接受起来有困难，比如《静静的顿河》、《安娜·卡列尼娜》；又有的写得太长，比如《追忆似水年华》；有的人名太多，比如《百年孤独》，那么实在读不下去也不是罪。所以名著也不是必读，更不必列出书单来，一个一个地啃——想想就发懵。爱看哪本就看哪本，它们排列在书架上，恭候我们挑选，而不是高高踞坐，如同君王，让我们膜拜。

时文更是七长八短，参参差差。这还是书读得多了之后得出的心得，若是读书不多，揽书不胜，连这个评价都没资格得出来——所以好读书和多读书是好的，至于读得多了，有了心得，然后在书山书海里挑什么书来看，那就全看自己了。

就我而言，不爱看正统的，有鲜明导向的，一定要教导人如何如何、怎样怎样的书。我爱看怪书、僻书、趣书、不板着脸的、有意思的书。比如《鬼吹灯》、《盗墓笔记》、《宫女谈往录》、《今生今世》、《京味旧俗》、《西游记》、《天才在左，疯子在右》、《全球通史》，等等。当然，一边读一边和作者在心里吵得起架来的书也看，比如《与神对话》和一整套在网上下载下来的《赛斯资料》。

《鬼吹灯》里，几位“摸金校尉”（盗墓贼）通过风水秘术发掘古墓，如大山深处的辽代古墓、昆仑山大冰川的九层妖楼、东北中蒙边境的关东军秘密地下要塞、新疆沙漠中消失的精绝古城、云南的虫谷妖棺、西藏喀喇昆仑古格王朝无头洞、陕西龙岭迷窟……

长卷展开，妖氛浓烈，坟墓、孤灯、长在人后背上的眼

睛、会闹鬼的古墓、永远走不到头的楼梯、张着大嘴吞噬一切的太岁、诡异的昆虫、幽深的山洞、长着钢牙的食人鱼……一边读一边脑后嗖嗖冒凉气。人的脑子的回路真奇怪，居然能写出这样读着绝对说不上舒服的书，却又让人玩命地想去读。我读书的架式一向彪悍，什么都“吃”得下，可是写这些书的家伙们更剽悍，整天想的都是些什么！

《宫女谈往录》是一个伺候过慈禧的老宫女的回忆录，作者的文笔是极好的，我都看了好几遍了；《今生今世》是胡兰成写的，对胡兰成的为人不大以为然——不过我也没资格评判，他的文笔却是极好的，不以人废文，这本书我也看了好几遍；《京味旧俗》谈不上文采，却是旧时京华的一点记录，满嘴的京片子，也很有意思；《西游记》是登上四大名著的宝座了，当年一边读一边笑，有意思透了；《天才在左，疯子在右》讲述了疯子的世界，里面的那些“疯子”们，有的说自己是从外太空来的，有的说自己是从平行宇宙来的，有的说自己能够瞬移，有的说自己能够预知，有的说自己能够左右未来，还有的说自己遭过外星人劫持，外星人还求她帮忙……不能说别的，我只恨我怎么没有被外星人劫持过呢？外星人也求我帮一回忙；《全球通史》本来是很正规的一本历史书籍，怎耐我是拿它当有趣读物看的，里边的原始人有意思，稻麦蔬菜的成长、迁移历史也有意思。

所以，我很怕给人推荐书去读，也很怕被人推荐书来读。书和人也要讲机缘，机缘到了，你就想读了，而它也就到了你的跟前了；机缘不到，书到你跟前你也是烦。一套《与神对话》是《中国青年》的编辑陈敏推荐给我的，当时就是机缘到了，所以就一头栽进去了。里面的那些理论实在是太吓人了！可是我又欲罢不能。无数个深夜一边读一边在电脑上写作，和书的作者“吵架”。头脑中的观念被这本书一点点地崩解，又重新组织、架构起来。这个过程太痛苦了，完全是一种打碎重建，大冬天的读得我满头大汗。此后又找同类的书来看，找它的理论的佐证和推翻它的理论的佐证。在这种动机的驱使下，又花了很长时间在网上读了更晦涩的《赛斯资料》，一整套，大概十几本，我们国内只出版了两三本，有一本叫作《灵魂永生》。这个读得更痛苦，翻译者的水平实在让人头痛，佶屈聱牙。等这两套书看完，成了，头脑中的观念基本上重新成形了，甚至可以说是定型了，但是还没完。如今又是几年过去了，如果能找到别的观念推翻这又已成旧的观念，也成啊。所以我还在找。也试着给别人推荐过，人家不感兴趣，或是读了之后大吃一惊，觉得我离经叛道，十分不好。

读书本来的作用就是让人给头脑松绑，领略大千世界，玩观万千真理，从许许多多条路中找到适合自己的路，从千千万万道理中找到适合自己的道理，甚至以书为炉，融炼出自己的思想观念。若是读书都亦步亦趋，这个社会就真的是没意思，我们的活法也真的是没意思。

近来读了一篇强调读书好的文章："另一种人认为——其实，他们并没有所谓的'认为'，他们不阅读，甚至并不是因为他们对阅读持有否定的态度，他们不阅读，只是因为他们浑浑噩噩，连天下有无阅读这一行为都未放在心上思索。即使书籍堆成山耸立在他们面前，他们也不可能思考一下：'它们是什么？它们与我们的人生与生活有何关系？'吸引这些人的只是物质与金钱，再有便是各种各样的娱乐。至于那些明明知道阅读的意义却又禁不住被此类享乐诱惑而不去亲近图书的人，我们更要诅咒。因为这是一种主动放弃的堕落。几乎可以说：这是一种明知故犯的犯罪。"

——这么强横粗暴地定人的罪，你有什么资格，谁给了你权力？还是那句话，读书是极端个人化的行为，引申一下：不读书也是极端个人化的行为，没有人有义务给好读书的你颁奖，也没有人有权利给不好读书的你定罪。你只应听从你自己的心思。

7 人生永远有下半场

放下屠刀，立地成佛。放下屠刀的那一刻，屠夫的人生下半场就开始了。浪子回头金不换，回头的那一刻，就是浪子的下半场了。

一个不错的朋友给我出了道难题。他小时候很聪明，却家境贫困，所以中途辍学。此后就一直务农，却身弱力亏，农活干不出众；又不精明，也皮薄面嫩，做不了生意。整天很忧郁地做着不喜欢的事，娶了一个不喜欢的媳妇，过着不喜欢的日子。平日唯一的消遣就是思念昔日的恋人——长情的人啊。

他的昔日恋人就是我，我有些消受不起。劝他时过境迁，放下吧，他说你不用管我，反正我怎么也是消磨日子。

我倒宁愿他能够振作起来，干一点喜欢的事。才四十多岁，就一派暮气，靠着回忆打发日子。劝他看书吧，他也看，却无甚心得；劝他做事业，我也不知道有何事业可以给他做，毕竟分离多年，已经变得不了解。真正了解他的还是他自己，可是他却总是裹足不前，不肯努力，好像他的人生已经到此为止。

事实上，比他惨太多的人，人家的人生都没有到此为止。

台湾臭名昭著的黑社会竹联帮成员吕代豪，从小就斗狠打架，长大后更是无恶不作。他一次次被抓入狱，又一次次越狱。台湾一共38座监狱，他住过14座，前前后后共被判处有期徒刑38年。他说：我不入监狱，谁入监狱？在监狱里，他充满绝望地质疑："人生真的有晴天吗？真的有一块蓝天白云属于我吗？"

他的同学的妹妹为了拯救他，持续不断地给他写信，劝他回头。一直写到第249封，他都无动于衷。她的信继续写，他也继续逃。然后继续被抓，继续被关。被关在重犯监狱里，他还想越狱，越狱后当国际杀手，并且为此苦读英文。

一天，发生了一件事。吕代豪隔壁监舍关押着台湾黑帮"三光帮"的老大林民雄。有一天，林和吕聊了一会儿天，就回去了。结果回去不一会儿就猝死了。吕代豪失眠了，他不知道为什么人生这么短促和脆弱。"我心里感到饥渴，想抓住一

立志前行
从来不晚

个可以依靠的东西。”他说，“想到从少年到青年，一直在犯罪旋涡里打转，换来的只是牢狱。我感到辛酸。”这时候，第250封信来了。读起来很平常的语句，现在却有了震撼人心的力量，吕代豪泪流满面：“衣服脏了，用肥皂来洗；人的灵魂污秽了，需要用什么来洁净呢？”

从此，他开始改邪归正，还带领其他囚徒们不再吵架和斗殴，而是冥想和端坐。而且开始写文章发表。当他重获自由，坐在飞往台北的飞机上，他在蓝天白云间痛哭。

1981年9月，吕代豪成了神学院的学生。在读二年级时，被学校派到他曾经祸害过的家乡服务，但是乡民不信任他，想起他以往的恶迹，禁不住讥笑他、辱骂他，朝他吐口水、扔石头。这一切他都忍受着，直到家乡人彻底原谅他。九年后，吕代豪赴美求学，并且在美国取得教育学和神学博士学位，之后筹集资金建立了拓荒神学院。从此，他的足迹遍布世界60多个国家和地区，讲述自己从杀手转变为传教士的经历。他说，他是以自己的坏为书，让那些坏的人们寻求从善的路径，“人生的上半场打不好没有关系，还有下半场。只要努力。”

褚时健，1928年生，红塔集团原董事长，曾经是有名的“中国烟草大王”。1994年，他被评为全国“十大改革风云人物”。1999年1月9日，褚时健被判处无期徒刑、剥夺政治权利终身。后减刑为有期徒刑17年。2002年，褚时健保外就医，与妻子承包荒山开始种橙。2012年11月，褚时健种植的“褚橙”通过电商开始售卖。2014年12月18日，褚时健荣获由人民网主办的第九届人民企业社会责任奖特别致敬人物奖。他不是励志哥，而是励志爷爷。

刘晓庆，1955年生，20世纪当红演员，三次蝉联百花奖影后；后经商大富，1999年，美国《福布斯》杂志公布，刘晓庆拥有7 000万~9 000万美元的身家，跻身中国富豪榜前50名。2002年，她的命运急转直下，因偷税漏税入狱，房子被拍卖。被关押422天后，刘晓庆出狱，讨债的人天天上门，昔日“亿万富姐”负债累累，和妹妹一起申请低保，每个月300元。她又回归影视圈，从头开始——不是从头开始，是从坑里往上爬。大牌演员都有自己的专用化妆室，她跟群众演员挤在一起。为了赚钱，什么小角色都演，代言、拍电视剧、商演，甚至以两万元的身价接商家饭局。按说她也不是励志姐，而是励志奶奶，不过这么叫她会不高兴，她肯定愿意当励志姐。

还有一个叫吴胜明的，1932年生，当过打工妹，蹲过监狱，做过厕所保洁，2006年开始做生意，如今拥有杨凌红阳果业科技开发有限责任公司、吴妈妈兴农科技发展有限公司、杨凌保健鸡种鸡场、吴妈妈连锁聊吧、饭庄等企业。这又是一个励志奶奶。

所以，一遇到一点挫折就怕得要死，唉声叹气，说什么“我这辈子算完了”，这样的年轻人，最让人怜惜，也最让人瞧不起。以年龄大了为理由，不想说、不想动、不想想、不想干，又整天觉得寂寞空虚，说什么“我这辈子就这样了”的人，因为年龄让人尊重，也因为无大志让人瞧不起。

怎么就“这辈子就完了”？怎么就“这辈子就这样了”？朝闻道，夕死可矣。你早晨听说了真理，晚上再死的时候，就是抱着真理死的，你已经在早晨听说真理之后，获得了新生，那短短的一天，就是你最辉煌的下半场。

放下屠刀，立地成佛。放下屠刀的那一刻，屠夫人生的下半场就开始了。

浪子回头金不换，回头的那一刻，就是浪子人生的下半场了。

所以，每个人的人生都没有权利随随便便“到此为止”，就像打球，上半场打不好没有关系，你可以随时开始下半场，只要努力，只要你不抛弃，不放弃。

8 不否定任何人

每个人都有自己的真理，不如你带着你的真理，我带着我的真理，大家安静为人。

一个虔诚的基督徒亲戚来家作客，大家一起吃饭，我看着她在椅子上拧来拧去，心里说：快来了。果然，不一会儿，她就“质问”我：“你为什么还不信主？”

她足足劝了我二十年：要信主啊，不信就下地狱，地狱里面有硫黄火！信了能上天堂！

我问：“那些做好事的人要是不信主，也要下地狱啊？”

她斩钉截铁回答：对！

我说那我不信了。

她就急，说：“你如果不信将来下了地狱可不要怪我没有救你啊，虽然我可以上天堂，但是这是不讲亲戚关系的（此处省略一万字）。”

我知道她虔诚，也知道她博爱，想救众生。可是，我还是不想听。因为她说了这么多，其实就是一个意思：她做的是对的，我做的是错的。她在否定我。

多年前，我的一个小同事喜欢听音乐，就在办公室里整天整天放音乐，令人热血沸腾的音乐从早晨八点响到下午五点半。我说咱商量商量，你用个耳塞好不好？我这都备不成课了。她说多好听啊！白给你听你还不稀罕，你心态太老了我告诉你，你要让自己变得年轻些。她这么一说，我更不想听了——她也在否定我。

传说当年武则天做了皇帝，冬日赋诗催花开：“明朝游上苑，火速报春知。花须连夜放，莫待晓风吹。”众花仙都急急奉命开花，唯独牡丹不肯听从，于是被架火烧焦，贬至洛阳，结果却在洛阳怒放，人称“焦骨牡丹”。其实，牡丹仙子未必是出于气节考虑，要抗逆权贵，也许是被激起了心里的毛刺。谁愿意把别人的意愿强加到自己身上呢？可是偏偏就有人愿意把自己的意愿强加到别人身上，不引人反感才怪。凡是把自己的意愿强加到别人身上的，都欠缺了一股子叫作“尊重”的精神，内在的含义就是对对方的否定，觉得别人是错的，自己是对的，所以别人一定要按照自己说的去做，否则就叫不懂事。如果别人不肯听，自己还挺伤心：我对你这么好，你居然把我的好心当成驴肝肺。甚至类似“诅咒”地说，“你一定会后悔的”，“将来你吃了亏就知道后悔了”云云。

你怎么知道别人会后悔？你怎么知道别人会吃亏？再说了，人家自己选的路，后悔也罢，吃亏也罢，都有人家自己担着，你又操的什么心呢？天底下捞过界、管过头的人实在是太多了，真不如每个人只管自己，独善其身的好。多年前，我记得一个作者非常擅长写词锋犀利的文章，动辄就站在道德制高点上，居高临下地质问：“你为什么还不忏悔？”你凭什么要人家忏悔？人家并不觉得自己做的是罪。自己不觉得是罪的人，可以被制裁，却有资格不去忏悔。

毕竟我们不是上帝，没有高踞云端，下视尘寰，做不到体察入微，不知道别人为什么会这么想、这么做，所以，就没资格妄自评判，至于妄作否定，那就更不应该。

很多有信仰、有想法的人都想推行自己的主张，想推行自己的主张和想法的想法没有错，但是想通过评判和否定对方来推行，这个途径就有些不合适了。

一本叫《天才在左，疯子在右》的书里写了一位佛教信徒，他总是在很焦急地对人说：“你这样怎么行？你的牵挂太多了，断不了尘缘啊！这样会犯大错的！”又说：“对于那些外教邪论，我都去找他们辩，我看不惯那种人，邪魔！”还有一个和尚，行脚化缘，求好心人施舍一点吃的给他，然后拿着施舍的馒头，就着自带的用玻璃罐头瓶装的凉白开吃起来，一边吃一边闲话家常，吃完后，把剩下的馒头用布包好收起来，背起行李卷，谢过之后，安静走开。这两个和尚，哪一个更令人尊敬和亲近些？

还有一个年轻和尚，不论晨昏晴雨，总是站在一棵大树下托钵化缘。树下常有两三位穿得破破烂烂的小孩打闹着玩。有一回，路人发现那些小孩竟然在偷他盛在钵里的缘金，和尚又不瞎，自然也看见了，可是却视若无睹。这个路人留心，发现小孩偷缘金根本不是偶尔为之，而是习惯动作。再后来，他再次经过那棵树下，发现和尚仍在默默化缘，他的身边却多了两个小沙弥——就是那两个偷钱的小孩。

所以说，飘风不终朝，骤雨不终日，一阵大风只能刮得房倒屋塌，却吹不开遍地春花；一阵豪雨下得遍地汪洋，却浸润不出一片柳丝嫩芽。相反，看似最无力量的和风轻轻吹，小雨丝丝下，而那无数的烂漫春光，就这样被慢慢地催开了。

还回到这个亲戚身上。其实，她在十年前就一直催我信主，我回答她：“机缘不到。机缘到了，就信了。”那时

神仙尚有不足
何况吾辈凡夫

候，我是真觉得机缘到了，我会成为一个基督教徒。可是十年后的现在，我却只想让她闭上嘴巴，给我安静。至于信主，我却想也不想了——被她的不依不饶煞到了，逆反了。

古语说“己所不欲，勿施于人”，由此也可以引申出来“己所欲，施于人”，可是，若是你所欲而不是别人所欲，你还要强施硬塞吗？就像我爱吃香蕉，你爱吃菠萝，我没把香蕉塞进你的嘴里，你凭什么就一定要把菠萝塞进我的嘴里？每个人都有自己的真理，不如你带着你的真理，我带着我的真理，大家安静为人。

西方有一个神仙，带着一张床守在路口，行人从此过，他便要人家都躺在床上量一量。头长砍头，脚长截脚，务必每个人都和他的床一般长。我们听了这个故事会说这个神仙缺心眼啊，其实平时我们干的就是这样的傻事，一定要用自己的标准和原则去要求别人，若不合适，便是坏人。

从不急着否定任何人、任何事、任何理念、任何规律，过渡到不否定任何人、任何事、任何理念、任何规律。这样，你涵容别人，理解别人，宽待别人，你就成了布袋和尚，肚大能容，也就成了佛祖，允许屠夫放下屠刀，立地成佛，也就成了耶稣，不拒绝所有人的跟随。你成了上善若水的水，成了天空，成了大地。

之所以这么了不起，就是因为你换了个角度，站在别人的立场看问题。

佛子寒山云：“世人谤我、欺我、辱我、笑我、轻我、贱我、恶我、骗我，如何处置乎？”他的同修好友拾得回答：“只是忍他、让他、由他、避他、耐他、敬他、不要理他、再待几年你且看他。”其实还不够干净。你忍他、让他、由他、避他、耐他、敬他、不要理他、直接忘他在脑后即可，何必要再过几年还去看他？人家有谤你、欺你、辱你、笑你、轻你、贱你、恶你、骗你的理由，你也有忍他、让他、由他、避他、耐他、敬他、和不理他的自由。他好由他好，他坏由他坏，双方各自安好。

这样一来，因为立场、原则、标准不同，这个世界和别人加在你身上的伤害，也就被你化解了。你救了你自己，涵容了你自己。

第四辑

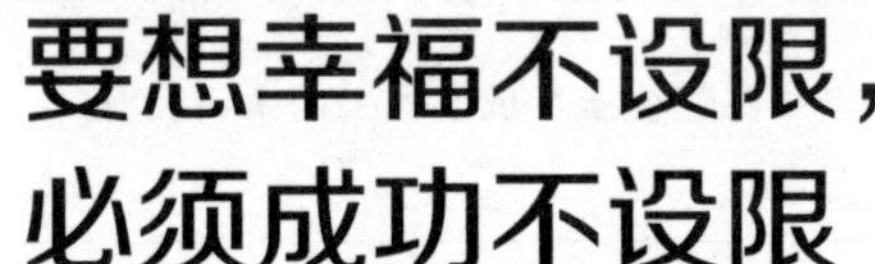

要想幸福不设限，必须成功不设限

“成功”是个很诱人的字眼。没有人不追求成功，但是到底什么是成功，许多人的心里还是认同于金钱权位方面所达到的高度。只是这样一来，这些物质条件的无限攀比使人很难认同自己的成功，总觉得自己爬上的这座山比别人的山低；要不然就是盲目自大，觉得自己已经凌绝顶，成了一览众山小的大英雄。其实成功是没有固定范式可言的，人为地给它设限，也就限制甚至压低了我们的幸福指数。

1 好态度是最大的成功

他的心地良善平静，不与世界相争，凡事只看好的一面，不像有的人抱怨、嚷骂、愤怒、钻营，如入荆棘丛。人家是行走尘世，如在天上，如入芳丛。

人活在世界上，房子再大也有比你更大的，车子再贵也有比你更贵的，官位再高也有比你更高的，夫妻再和睦也有比你更和睦的，儿女再孝顺听话也有比你的儿女更孝顺听话的。这个时候，就用得着那几句俚语了："人家骑马我骑驴，我比人家我不如。回头看一看，还有挑脚汉。"听上去是不求上进，其实是人生的好态度。就像民间老话常说：高兴也是一天，不高兴也是一天，为什么要不高兴呢？还有另一句话是：要想看"好儿"，哪都是"好儿"，要想看"不好"，哪儿都是"不好"。

——看“好儿”，这就是人生的一种好态度了。有个故事说，两个人分别从家乡搬到新城镇，甲问这个城镇的老人：“请问在这里生活有趣吗？”老人反问他：“你原来的家乡有趣吗？”甲说：“没有趣，而且糟透了。”于是老人回答他：“那么这个城镇也是如此。”乙也问这个老人：“请问这里的生活有趣吗？”老人也反问他：“你原来的家乡呢？”乙说：“有趣极了，而且我家乡的人非常好、非常善良。”老人说：“那么这里也有趣极了，这里的人也非常好、非常善良。”真正起作用的不是一时一地和别人，而是自己的态度。你如果凡事都看好的一面，那就凡事都好，所有的地方都好，人也很好；如果你凡事总是不满意，你自己总是不高兴，那就凡事都令你不满意，所有的地方和人也都让你不高兴。

还有一个故事，也讲了两个人。一个人事业做得很好，拥有两家公司，后来那个比较大的公司因为经营不善，股东们让他把经营权交给了别人，只让他担任那个比较小的公司的董事长。有一天晚上，他突然陷入了极大的恐惧中，觉得自己将要失去一切。从此，他开始惶惶不可终日，做出一些莫名其妙的举动，比如莫名其妙地大裁员，把自己的几辆名车卖掉变现，随时准备保命。心理医生分析说，他原来就是一个平时精神紧绷的人，因为小时候贫穷，所以他一生都在努力远离贫穷，又时时害怕堕入贫穷的深渊。结果一旦危机出现，幼时的恐惧就加倍袭来。心理医生建议他凡事看开，多读老庄，运用前人的智慧，给内心松绑，他却不理解、不接受，而是一味地要求心理医生治好自己的忧郁症，以便继续工作、赚大钱。

另一个人在两家工厂当主管，金融海啸来袭，工厂一张订单都接不到，别人人心惶惶，他却始终泰然自若。有人问他失业了怎么办？他说，那就重新找工作呀，饿不死人的。别人又问他没有钱，怎么养小孩？他说：那就不要上补习班了，也不上才艺班了，反正这些本来也没必要上，是多余的。于是，在没有工作的那段时间，他就天天带着小孩爬山，心态既开朗又乐观。后来情况有了改观，他又重新回公司上班，完全不觉得金融海啸对自己是一种摧残，反而说，这是一次难得的人生经历。

这么说吧，长久以来，甚至自出生开始，我们就生活在痛苦和恐惧之中：失业是痛苦的，失恋是痛苦的，因为爱人出轨而离婚是痛苦的，被人背叛是痛苦的，被人忽视和遗忘是痛苦的。所以我们害怕失业，害怕失恋，害怕爱人出轨，害怕离婚，害怕被背叛，害怕被忽视和遗忘。因为恐惧，神经便紧张，自己这种紧张的神经又像水波一样波及开来，害到一大批

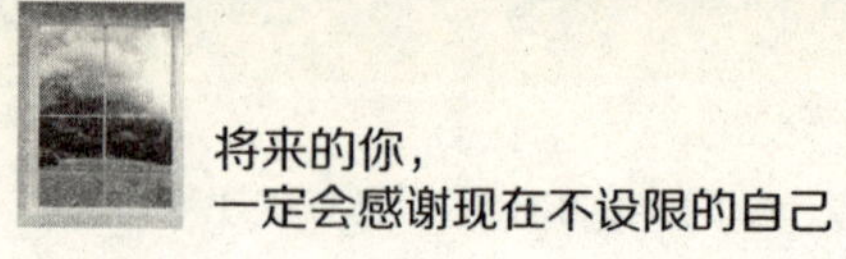

人。每个人又形成一个冲击波，继续波及其他人。于是整个世界就都陷入痛苦和恐惧的旋涡中不能自拔。

你看，如果不肯乐观，没有一个好态度，还能活吗？甚至连累得整个世界都不好了。

所以，面对外在事物和环境的变动，一定要注意自己心中的态度。随时随地，任何事情面前，你都有一个好态度，这就是最大的成功。

在一档电视节目里，我认识了一个叫符凡迪的人。吸引我的是他的职业，大屏幕上打出来的是“拾荒者”。个子不高，头发长长，其貌不扬，很收缩地站着，两只手捧住话筒，要给观众和评委唱歌。

唱歌前，他先坦陈了自己的人生经历：1992年从老家出来到深圳打工，却打工不成，因为这里只招本地人；偶尔有招外地人的，又需要交押金，他又没有钱。于是他从此走上了拾荒之路，偶尔还做做清洁工、洗碗工。

他甚至不知道自己的年龄。父亲在他一岁多时去世了，母亲也没告诉过他是哪年哪月出生的。本地户籍警听说他要打工，说年满十八岁才行，所以我给你填满十八岁吧。所以，他现在是“四十多岁”，多多少，多不多，不确定。

他爱唱歌，到酒吧面试过歌手也通过了，可是没有体面的衣裳。也有人给他介绍过对象，他也很中意人家姑娘，可是他的条件又是不名一文。

所以，现在，他就是一个四十来岁的、一无所有的老光棍。

可是，在舞台上，他唱《朋友别哭》：“有没有一扇窗，能让你不绝望。看一看花花世界，原来像梦一场。……朋友别哭，我依然是你心灵的归宿；朋友别哭，要相信自己的路。红尘中有太多茫然痴心的追逐，你的苦我也有感触。”

这种境地下，他还在安慰别人。

观众起立，鼓掌，评委们都热泪盈眶。他说：“谢谢，谢谢，谢谢！我做梦也想不到会登上这么……好的舞台。”他一直在感恩，心里没有怨恨：没有怨恨父母，没有怨恨家境，没有怨恨社会，没有怨恨别人。这样的人，无论外在的境遇如何，他都已经成功了。他的心地良善平静，不与世界相争，凡事只看好的一面，不像有的人抱怨、嚷骂、愤怒、钻营，如入荆棘丛。人家是行走尘世，如在天上，如入芳丛。

2 适合自己的成功，是真正的成功

你在真正喜欢的领域和行业中努力着，快乐着，坚持着，知道这个才是最适合自己的，这，大约就是成功了。

通常我们认为的成功就是开名车住豪宅，事业有成，却从不认为平淡简朴的生活就是成功；即使我们认为平淡简朴的生活就是成功，也不认为放着好好的工作不干非要辞职流浪是成功，放着好好的钱不赚非要固守清贫是成功。

大部分人都被社会通行的成功标准“催眠”，并且认可这些标准，从而忽略了自己的想法和内心对成功的定义到底是什么。

有这么一个人，他一直很不快乐，他已经花了十年时间待在一个地方，从开始的充满激情到现在的重复无聊，虽然已经位高权重，但是这种生活仍旧令他倍感厌倦。

然后，他就被一个女人“绑了票”。

她组织了一个非营利组织，以此来与绝症患者和他们的家人以及其他陷入困境和绝境因而心情沮丧的人互动。说白了，就是一种心情关怀。他刚开始是为她做义工。然后在她一次演讲完后，他跟她讲了自己的烦恼。他告诉她现在做的这种工作有多重复无聊，要命的是，得干到六十五岁才能退休。

她看着他，说：“谁说你非得干到六十五岁的？”

“因为我要养家啊。”

“那你明天死了，你的家人就不活了吗？”

“当然不会，”他争辩说，“可是我只要活着一天，照顾家庭就是我的责任。”

“你这叫活着？”她转过身，和别人说话，不再理他。

第二天一早，她要求他送她去机场。到了机场后，她又要求他送她到登机口。到了柜台边，她出示了自己的飞机票，然后，拿出信用卡，说要再买一张票。

卖票人说，请问您给谁买呢？

她一指他：“他。”

他吓了一跳：“老天，我不能跟你走。我还得回单位上班。”

“那工作没你也会做好。”

“我的车还在停车场。”他继续挣扎。

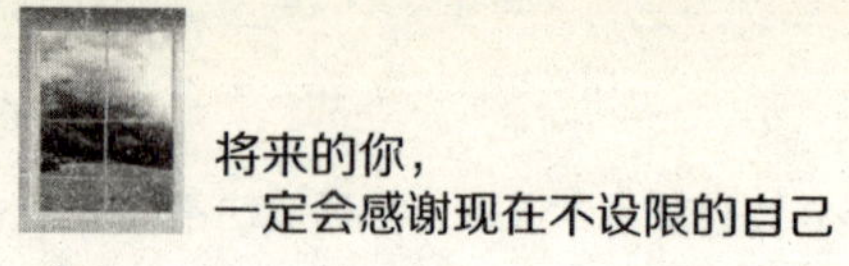

“让朋友替你把车开走。”

“我没衣服穿。”

“到处都有商店。”

他的心怦怦跳，他的嘴巴一个劲儿地向她申诉自己不能跟她走，他的心却拼命鼓动叫嚣：答应她答应她，跟她走跟她走。

最终，他跟她走了。临登机前给妻子打电话报告自己被绑架的“噩耗”，给单位打电话请假说自己有突发事件，不能及时回去上班。

然后，他成了她的新公关。每天在她的身边，亲眼看着人们的生命怎样在他的眼前像万花筒一样改变。她一个小时又一个小时，一个星期又一个星期，一个月又一个月地，像一位大师，像一位圣人，疗愈人类心灵的伤痛。她说：有上千种方法可以去释放别人心中的喜悦，甚至在某人临终的床边也能做到。

一天，一个女人在接待室失控了，她大哭、号泣、崩溃，颜面扫地。博士示意他去处理。他引导那个可怜的女人离开那个人来人往的大房间，给她布置了一个安全的小角落，然后坐在她的对面，安静地听她哭一会儿，说一会儿，叫一会儿，说一会儿，如此循环，直到她从嘴巴里倒出她所有的愤怒和悲伤、哀痛和彷徨。

这就是他的工作：安静地倾听几乎能抚平所有人心头的伤痕。当然，每个人遇到的难题不同，解决的方式也会不同，但是，只要你肯真诚地、温情地关心每一个人：垂危的病人、需要倾听和安慰的失恋者、老年人、小孩子、胆怯者、勇敢者、开放者、封闭者、激愤者、温和者……你总有一千种方法知道如何让别人重新喜悦地生活，有的时候用语言，有的时候用行动。

而这也让他如此喜悦，让他变得如此有用，那一千种方法带来的结果是将喜悦的生活最终回馈给他。

那天下午，他打电话跟原来的单位辞职了。

当他的喜悦生活过了一段时间后，他那不肯安分的心再次蠢蠢欲动，这个时候，她又说话了："你该走了。我轻轻踢你一脚，如同催鸟离巢。"

——这是我从一本奇妙的书里读来的一个奇妙的故事。

什么是成功？成功就是，过自己想要的生活。我的家散掉之前，我过的就是一种可悲的，把所有的担子一肩挑的日子，累得不想活，心里装着怨恨，有时候连着几天，一个笑脸也装不出来。直到离婚，从旧有的生活秩序中脱离，学着不再承担一切，心情逐日轻松，这才发现，原来这个看似悲剧的结局，反而是一种成功的脱逃。而随后过上的平静而平淡的生活，反而是我深溺其中，舍不得离开的成功。

——当然有一天我过腻了也会再次离开，再次追寻，谁知道呢。

微信的朋友圈里时常会被逃离都市隐居山林的人的生活刷刷屏，说明每个人都有隐逸的向往，只不过大多数人都只能做做梦，回头看看自己的饭碗，还是舍不得打破它，而有的人却打破了它，尝试过自己真正想要的生活。这种生活看似寒简，可是对于当事人来说，这就是一种成功。

若是志在江湖，成功不见得一定是奋斗带来的成果，也可以是退避之后求得的心灵宁静；当然，若是志在庙堂，成功也不见得非得被所谓的高雅品位绑架，一定要追求隐逸淡泊，大张旗鼓求名求利并且得名得利也是成功。总之看心性，静下来，听听你自己的心声。你得到的恰是你的心想要的，就是成功。

康洪雷，现在是国家一级导演，他原来只是内蒙古电视台的场记，编外人员，四年没拿过工资，八年都进不了电视台编制。熬到37岁才第一次独立执导《激情燃烧的岁月》。当他没有成功的时候，许多朋友替他着急：“你哪怕腾出手来干点别的呢，多赚点钱。”但是他说：“拍戏是我唯一一件手上捧着的事情。两手称为捧，两只手都用上了，哪来的第三只手做别的。”

他之所以把拍戏捧着来干，是因为他喜欢拍戏，他知道自己就是为拍戏而生。别人为了适应社会，纷纷放弃初衷，寻找捷径，有的导演就算仍旧干着导演行当，却一味迎合俗流，不惜制造一些电视垃圾，为此甚至“教训”康洪雷：“都什么年代了，你这样行吗？”康洪雷反问：“这样不行吗？”

事实证明，这样真的行。《激情燃烧的岁月》让他一炮而红，由他执导的《士兵突击》、《我的团长我的团》更是红透全中国。他没有走捷径也成功了：既攻占了人生高地，又坚守住了真正的自我。这是他真正想要的成功，所以是真的成功。

一个朋友来看我，他曾经是赫赫有名的大才子，还出过书，如今则靠经商发了财。我问他还写不写东西，他说早不写了。问他快乐吗，他说也快乐，也不快乐。午夜梦回，心里总有那么一块地方，空得难受，像长满荒草。那里本来是一片花田，现在却撂荒了。趁着而今“天良未泯”，还有感觉，那就尽情地说一说。等到哪一天连初衷都忘了，想说也说不出来了。听他讲话，那张略带醉意的脸看得我莫名悲怆。

说到底，什么才是成功呢？你在真正喜欢的领域和行业中努力着，快乐着，坚持着，知道这个才是最适合自己的，这，大约就是了。

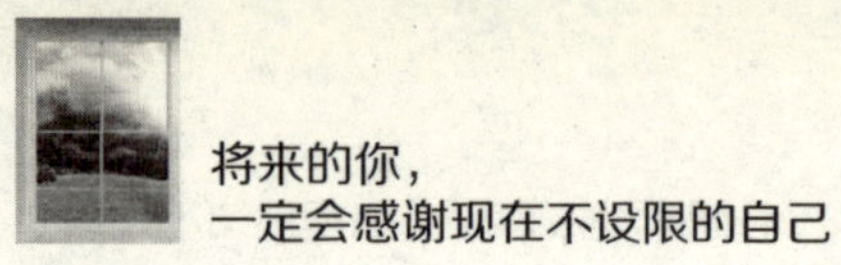

能大能小 万事了了
能收能放 扶摇直上
王家春写之

3 有朋友就是成功

交朋友是要下本钱的，这个本钱未必有关钱物，但一定要具备一个关键词：分享。

美国社会心理学家、“人本主义心理学之父”马斯洛认为，人有五种层次的需要。第一是生理需要，例如吃穿用度等，这是个人生存的基本需要。第二是安全需要，例如不受盗窃和威胁、预防危险事故、职业有保障、有社会保险和退休金等，这些包括心理上与物质上的安全保障。第三是社交需要，人是社会的一员，需要友谊和群体的归属感，人际交往需要彼此同情、互助和赞许。可别小看这一层次的需要，每个人都不可能真正去做孤岛，必得和别人发生联系，否则这种心理上的折磨会让人承受不了。第四是尊重需要，包括要求受到别人的尊重和自己具有内在的自尊心。第五是自我实现需要，指通过自己的努力，实现自己对生活的期望，从而对生活和工作真正感到有意义。

从他的这一论断看来，人的“社会性”是人和其他动物的根本性区别。社交需要是最容易被清高孤傲者不以为然甚至嗤之以鼻的一种，偏偏它是承前启后，任何人都无法脱离的一环。

也许是认识到了社会化的重要性，所以人们见面互称“朋友”就成了十分平常的事，甚至连歌里都十分功利地唱：“朋友多了路好走……”只不过这种朋友的水分有点大，真正的朋友是没有这么随便的。

春秋战国时期，管仲和鲍叔是好朋友。管仲家里穷，和鲍叔做生意的时候，总是占便宜。但是鲍叔并不认为他贪财，而是知道他家里穷，还要养活老娘，不得不如此；管仲还曾经乱给鲍叔出主意，导致鲍叔陷入困顿。鲍叔仍旧不抱怨，而是认为大丈夫做事，哪里会有一帆风顺的时候。管仲当官，老是被国君驱逐，鲍叔也不嘲笑他无能，而是宽慰他大丈夫不遇其时，这是谁也没办法的事。管仲打仗好多次临阵脱逃，鲍叔也不觉得他贪生怕死，而是知道管仲要回去奉养老母亲；齐国的小白和公子纠争斗，管仲是公子纠的手下，公子纠失败，他也被小白（当时已经是齐桓公）投入大牢，备受屈辱却不肯死。鲍叔也不觉得他是没有廉耻，而是知道他胸怀大志，壮志不伸不肯死。后来管仲登上高位，由衷地赞扬鲍叔："生我者父母，知我者鲍叔。"

这就是真正的知己吧：互相信任，互相理解，心意相通；个性不同，脾气不同，精神境界齐平。普通朋友遍天下，知心知己却通常仅有一两个而已。而这一两个，却抵得上千百个酒肉朋友。

交朋友是要下本钱的，这个本钱未必有关钱物，但一定要具备一个关键词：分享。

我的一个同事深谙其中真谛，每个人都愿意和她做朋友。当你饿了，她愿意和你分享她的食物；当你累了，她愿意和你分享她的床铺；当你病了，她愿意彻夜不眠地陪着你；当你伤心，她愿意陪着你一起流眼泪。每个人靠近她，都会喜欢她。

这个同事命苦，幼年丧母，少年丧父，青年丧夫，一个人带着孩子过日子。孩子要读书，会有人帮她找最好的学校；房子要装修，会有人帮忙找最好的施工队。她的热水器插头出了问题，早有人自告奋勇，帮她修好。她过日子从来不用太操心，因为她把最好的真心奉献给别人，别人也把最好的真心奉献给她。

还有一个同事，则是"各人自扫门前雪，不管他人瓦上

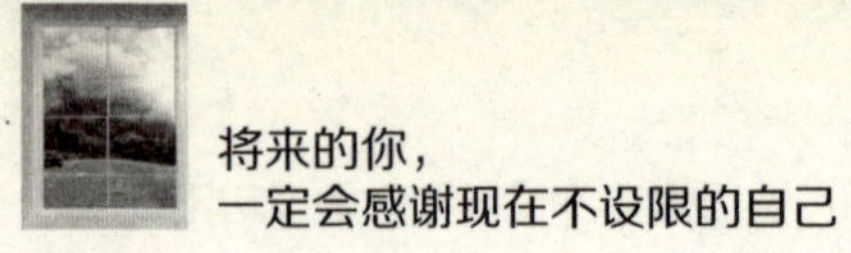

霜”的个人主义的奉行者，既不沾带别人的恩惠，也不许别人沾带自己的恩惠，一个人独来独往，极少与人同行。有一天，她生病住院，同事们只是礼节性地看望一下；而之前的那个同事也因病住院，别的同事却自发排班，轮流照顾她，直到她出院。她的孩子也被接到朋友家里，朋友负责照顾孩子的生活，接送上学。

有一段话，说得虽刻薄，但是有道理：“你鼠肚鸡肠，怎么叫人宰相肚里能撑船？你出手大方，朋友心里总记着你的情。任何东西只有先从你这儿流出去，才会有其他东西流进来。说穿了，我们从别人那儿获得的东西，往往都是我们原先付出的东西的回报。”

舍得舍得，有舍才能有得。你投桃，人家才给你报李；你赠人玫瑰，才能手有余香。人不可能是真正的孤岛，必得要有朋友的扶持，否则内心的孤独寒凉也会让你不堪其重，不胜其累，负能量满满。长此以往，人生的第四重和第五重需求如何达到呢？

至今对曾经读过的一则故事记忆犹新：中世纪的欧洲，一个骑士深夜赶路，破晓来到朋友家门前，“呼呼”砸门。朋友开门一看是他，马上给他一个紧紧的拥抱，然后不等他开口，抢着说道：“我的朋友，你冒夜前来，必有所谓。如果你需要马匹，你可以随意到我的马厩挑选良骑，无论你要多少，都可拿去；如果你需要金钱，我现在就带你到我的金库，那里的所有金银珠宝，都随你支配；如果你需要我的性命，那我就马上把我的头颅奉上，只要你说一句话，我的朋友，我绝不会道半个'不'字。"

这个骑士含泪紧紧拥抱他，说："啊，我的朋友！我既不需要你的良马，也不需要你的金银，你竟然要我取你的性命，那怎么可能。我夜里做梦，梦见你被人追杀，掉下悬崖，醒来再也睡不着，冒夜前来，只是为了看看你是否安然无恙。"

有良朋如斯，有知友如彼，真好，真温暖。就像冰心说的："爱在左，情在右，走在生命的两旁，随时撒种，随时开花，将这一径长途，点缀得香花弥漫，使穿枝拂叶的行人，踏着荆棘，不觉得痛苦，有泪可落，却不是悲凉。"

不过，说到底，对于朋友，也要持一种淡然、达观的态度。有的朋友能够陪你一生，那自然是极好的；也有的朋友因为人生路选得不同，中途撤离，那也是正常；有的朋友又在你行路中途加入进来，更是应该鼓掌欢迎。朋友来来去去，你总在这里，你的分享精神总在这里，你的宽容和理解总在这里。持这样态度的人，不会少了朋友；有朋友相伴的人生，不会是失败的人生。

4 肯宽容就是成功

在对他人宽容的同时，一定不要忘记对自己也要宽容。“人非圣贤，孰能无过”这句话不光是用来宽慰他人的，同时也是宽慰自己的。

对于中国读者来说，著名荷裔美国作家房龙早已是一个十分熟悉的名字，尤其他的《宽容》一书，历数人类历史上因为不宽容而造成的种种恶果，读了让人触目惊心。

如他所写，一门宗教的不宽容造成火烧布鲁诺的酷刑，也让人类对真理的认识推迟了数百年；而一个人的不宽容同样会使整个世界都荆棘丛生，寸步难行。房龙清醒地指出，在现今的世界上，对宽容的需要超过了其他一切。“个人的不宽容是个讨厌的东西，它导致社团内部的极大不快，比麻疹、天花和饶舌妇人加在一起的弊处还要大。”

虽然法国文学大师维克多·雨果早就说过：“世界上最宽阔的是海洋，比海洋宽阔的是天空，比天空更宽阔的是人的胸怀。”但宽阔的胸怀却不是人人都有，就像古人说的：“人之心胸，多欲之窄，寡欲则宽。”大凡私欲过重而又心气太高者，都会将他人作为自己的“假想敌”和“竞争对手”，时时、处处、事事都跟别人明里暗里“较劲”，根本无法做到宽容。尤其在现代社会，生存压力大，竞争日益激烈，每个人都紧张戒备，人与人之间的关系就如同挤得太近的刺猬，不一定什么时候就会被挤伤、刺痛。不信？举目四顾，公交车上、地铁站台、商场里、大街上，处处都能见人“对掐”。甚至有人为了一点小事，不惜性命相拼。我们检察院刚刚处理完一件案子：两个本地青年在网络聊天时一语不合，于是各邀一群人大打群架，结果造成一死十二伤。恶果造成，必有恶因，细究起来，都是因为人的狭隘心胸。

夜郎自大、鼠目寸光的人更是无法做到宽容，因为越是夜郎自大，越是思想狭隘，越是鼠目寸光，越是一叶障目、不见泰山。心理上的不宽容会导致语言和行为上的专横，别人不冒犯尚且吹毛求疵，一冒犯更是挡不住地火冒三丈。看似领受一时风光，但是这种外化的不宽容状态最终会搬起石头砸自己的脚。

王树是一家公司的高级职员，工作一向勤勤恳恳，最近却因一次小小的失误被他的上司狠批了一顿。他的上司是一个个性很强硬的人，尤其对下属，更是求全责备，动不动就晃着下属的业绩表拍桌子瞪眼睛。在这样的领导手下干活，每个人都战战兢兢。久而久之，大家工作都开始提不起劲儿，能偷懒就偷懒，能敷衍就敷衍。结果公司业绩一路下滑，上司也被总经理降职。王树和同事们都不由拍手称快，暗暗高兴。听说取而代之的是一个性格温和、宽容大度的人，大家都纷纷摩拳擦掌，准备大干一番，在新上司面前好好表现表现。

没想到就在这个节骨眼上，王树却因为疏忽，捅了一个大娄子，给公司造成的直接损失达上百万元。他充满愧疚地向新上司递交了自己的辞职信，准备灰溜溜地走人，没想到经理却看也不看就把它丢进了垃圾筒：“怎么，公司刚刚为你花了上百万元的培训费，难道你不想赚回来，就抬腿走人？”羞愧难当的同时，王树的胸中更是热流涌动。还有什么好说的？两个字：拼命！经过一段时间的艰苦发奋，他不但为公司挽回了经济损失，并且还赢利数百万元，同时自己也被提拔为部门负责人——你看，刻薄只能造成“双输”，宽容的胸怀却成就了上司、他和公司的“三赢”。

宽容不仅是一种行为上的艺术，更是一个人内在的强大精神，也就是对人，对己，乃至对整个世界的包容和悲悯之心。这种悲悯之心不仅可以让自己宽容他人的无心之失，而且对有意为之的恶行也能够心存慈悯，以善化恶，哪怕是一丛荆棘，也能让它开出鲜花。

在禅宗世界中，流传着这样一个故事。一天晚上，七里禅师诵经时，有一强盗拿着利刃进来恐吓："把钱拿来，否则就一刀了结你!"禅师头也不回，安然说道："不要急，钱在那边抽屉里，自己去拿。"

强盗搜刮一空，正待转身，七里禅师说道："不要全都拿走，留些给我明天买花供佛。"强盗离开时，禅师又说："收了人家的钱，不说声谢谢就走吗？"后来，强盗因其他案子被捕，衙门审问他，知道他也偷过禅师的东西。衙门请禅师指认，禅师却说："此人不是强盗，因为钱是我给他的，而他已向我谢过了。"

强盗感动非常，刑满之后，专程前来皈依七里禅师，成为其门下弟子。

这就是宽容的巨大力量，在暴力和利刃面前，宽容成为内心强大的人对这个不完美世界的最具魅力的反应。

在对他人宽容的同时，一定不要忘记对自己也要宽容。"人非圣贤，孰能无过"这句话不光是用来宽慰他人的，同时也是宽慰自己的。无论在哪个时代，“这山看着那山高”都是最流行的心态，“人比人，气死人”也是最常见的结局。尤其在现代社会，生存压力和生活压力很容易让人产生灰色的挫败感，并且引发了各种各样的精神疾病。所以越是“长安米贵，居不易”，越要对自己好一些，接纳自己，宽容自己，生活才能愉悦而轻松。

宽容是人类文明非常重要的一个考核标准，就连古人都以此为治国之道，所谓“宽以济猛，猛以济宽，宽猛相济”，“治国之道，在于猛宽得中”，假如我们能够把它作为自我修养的重要途径，沿着它一路走来，自然一步步都是好风景。

5 肯宽恕是更大的成功

宽恕可得平静，这种平静发自内心，能把我们从负面的能量囚笼中释放。如果不肯宽恕，猛烈的恨意必将伤人伤己。

宽恕是宽容的更高级形态，由包容他人或自己的过错，到彻底理解、原谅他人或自己的过错，无论这个过错有多大，看上去多么不可原谅。

很多时候，这种宽恕都不是发生在现实生活中的，因为它太难了。正因为太难，所以才会在影视作品中着力歌颂。

一部叫作《这儿是香格里拉》的电影，让人印象深刻：女主人公季玲的儿子被一场意外的车祸带走了，同时粉碎了她幸福美满的家。她时时被内疚折磨，因为是在她和老公打电话，没有注意照顾儿子的时候，发生的悲剧；她的心被仇恨充满，因为肇事者没有停下车抢救孩子，而是逃了。她不停地怀念，家中到处摆放着儿子的玩具，还给儿子布置了一个白烛摇曳的灵堂；她不停地起诉、奔波，忽略了丈夫，家庭生活变得冰冷灰暗；她甚至把自己浸在浴缸的水里，也不知道是想自杀，还是想怎样。丈夫不堪重负。

儿子生前最爱和她玩寻宝游戏，这天她无意中在儿子房间找到一张寻宝游戏的纸条，纸条直指云南香格里拉的圣山。她又哭又笑，然后独自出发去了香格里拉。在这里，她意外跌落悬崖，醒过来的时候，发现居然置身于一片新天地，似香格里拉，又不似香格里拉：绿草如茵，牛羊成群，洁白的圣山映着蓝色的天空，一切都如梦如幻。一个藏民小男孩带她骑马，听她唱歌，看着她流泪，给她宽慰。最后，小男孩带她去看他的宝藏。她跟着他来到圣山脚下，抬头去看，山顶上有一个穿藏袍的小女孩逆光而立，像是一个小仙女。她笑着问：“你的小女朋友？”

小男孩摇头，严肃地说：“不，她是我的爱人。”

“你很爱她？”

“是的。”

“这就是你的宝藏？”

“是的。”

可是，小男孩很痛苦，他说：我的爱人等着我，我却走不了，我很辛苦。她低下头去，诧异地看见，不知道什么时候，小男孩的脚踝上竟然被捆绑上了粗粗的铁链。她心疼地蹲身去解，小男孩竟然深情地抚摸着她的头发，叫她“妈咪。”原来他不是别人，就是她深爱和怀念的儿子。因为她的牵念，他无法轻身离开，只能辛苦恋栈，陪她忧伤。季玲如梦方醒，泪流满面，给儿子解开铁链，看他轻身飞去。与此同时，她心上缠绕着的铁链，似乎也解开了。

这时，她睁眼醒来，原来自己躺在医院的病床上。这一切原来是她在跌下悬崖后，昏迷时出现的幻觉。现在，丈夫正深情凝望着她。

她撤销了起诉。那个“凶手”出现了，他得了绝症，行将去世，却因为这件不义的事让心灵无法得到安宁。他找到了她，向她忏悔：“对不起。”

季玲彻底整理了孩子的小房间，小小的灵堂也撤掉了，白蜡烛也拿走了。她从枕套里抖出一本书，书中一帧帧的画，全是香格里拉的神山。一页中夹着孩子从妈妈脚上拿下来的脚链，还有一张字条，上面写着：“妈妈，找到了。”

找到了宽恕，找到了原谅，找到了放手，找到了心灵得到解放的轻松。

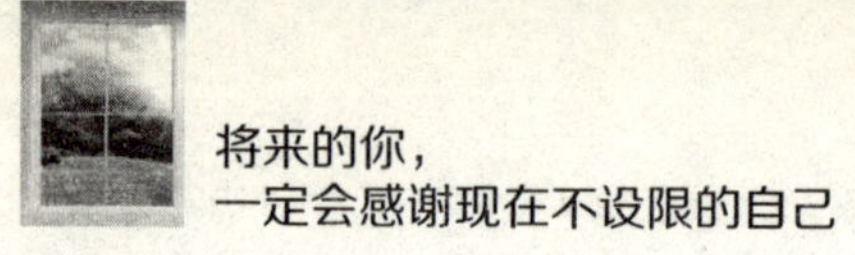

现实中，也有一个季玲版的母亲。她的儿子被大伯哥家的女儿误伤致死，她伤心成狂，无法抒解，干脆将小女孩接到自己家，进行精神折磨，给她看被她“害死”的弟弟生前的照片，一边看一边讲。小女孩精神无法承受，住进了精神病院，她还不肯罢手，又大闹病房。医院不让她进门，她就在门口大叫大闹，如疯如狂——那个时候，真是离疯不远了。她的丈夫无奈，告她虐待侄女，法院判了她半年拘役。经过反省，她总算放下了积怨，回到正常生活的轨道。她心头的伤痛可以理解，怨恨也可以理解，就算她不原谅不宽恕，也都可以理解，毕竟失去的是最亲最爱的人，是生命的支柱，是她人生的希望。可是，问题是不原谅、不宽恕，伤害的不单是别人，更是自己的身心。

生活中，不期然的伤害那么多，需要我们宽恕的人也一个接一个。甚至是自己的父母，也需要我们的宽恕。

有一个美国小男孩，他一直觉得自己很不幸，因为父亲粗暴而专横。更可恶的是，一次又一次熄灭他对于人生的梦想。他想上神学院，父亲给他否了。他想当钢琴家，父亲甚至把母亲替他买回的一架旧钢琴拆烂了。他赌气几天不吃饭，父亲最后妥协，答应给他买一架新的钢琴，放在他的卧房，他高兴坏了，用力拥抱父亲。可是这原来只是父亲随口一句话，后来根本没有兑现——这件事虽小，但是被伤害、被欺骗、被辜负的感觉让他久久不能忘怀。

高中时，他干过各种各样的事：加入鼓号乐队、合唱团、管弦乐团，参加摄影社，当校刊记者，还加入戏剧社、西洋棋社，还参加辩论队，而且还每晚为当地一家广播电台做高中运动报道——此后的三十三年，他一直都在广播行业工作。

他做的所有一切，都是在赌气：要在父亲面前扬眉吐气，告诉他：我做得一点都不差。可是父亲怎么都不肯表扬他，就算他一次又一次拿冠军奖牌回家，父亲都只会平淡地说一句："我预期你不会得更差的。"他从来没有听父亲说："儿子，真了不起，我以你为傲。"

后来，有一天，他突然明白：自己没有当成传教士，没有当成钢琴家，没有成为摄影师，没有演戏，可是却发现和发扬了自己的广播天才。父亲的冷漠逼他奋发努力，这种别具一格的方式促使他走向成功。也许父亲真的冷漠，真的拙于表达，可是，这件事的客观效果却是，自己走到了人生的聚光灯下。

真是，世间一切，无不是在成全，有什么资格怨怼呢？谁都不是完美的人，父母也不是完美的父母，很多时候，所有

胸怀和肚量是冤枉撑大的
受不得委屈则成不了大事

戊子秋王家春於古城長安

伤害过我们的人，都需要我们在漫长的岁月里学着宽恕。

假如有人中伤了你，这样想：如我是他，我也未必能做到光明正大、坦荡磊落；假如有人报复了你，这样想：如我是他，我也未必能够逃脱睚眦必报的狭隘；假如有人压制了你，这样想：如我是他，我也未必能够不嫉贤妒能……所谓的宽恕，就是有人伤害了你，你却拿来审视自己。以人为镜，照见内心的软弱、狭隘和阴暗。既是种种不是，他有我亦有，又何必执着，不肯宽恕？

当然，宽恕不是说说而已，“我要有一个宽广的胸怀”也只不过轻飘飘的誓言。受到伤害的人，难以宽容那伤害自己的人，这也是常情；受到致命打击的人，难以宽恕那给予自己致命打击的人，这也是常情。

如果实在宽恕不了，怎么办？

那就不宽恕好了，还能怎么办？

我们自己也不是完美的自己，更需要我们的自我宽恕。有些错误已经犯下，在承担责任的同时，宽恕自己。而面对他人的伤害，若是无法宽恕，也可不宽恕，同时宽恕自己的不宽恕。

一位知名电台主持人的小儿子被歹徒绑架并杀害了，他虽然知道是谁犯的罪，但是警方因找不到足够的证据，只能让罪犯逍遥法外。他无法宽恕。他把愤怒转为更大的生命能量，争取更多的儿童福利，成立组织协助寻找失踪儿童，慰问受害者，帮助他们伸张正义。他的努力使得数百名拐卖、绑架、残害儿童的歹徒落网。

有两个兄弟，他们的母亲在他们小的时候虐待和遗弃了他们，二十多年后再见面时，母亲仍旧没有一丝一毫的悔恨与歉意。这两个兄弟虽然无法宽恕母亲，但是却把母亲的轻狂、孟浪、不负责任视作前车之鉴，都成长为负责任的、慷慨的、心怀仁慈与善念的人。

还有一个女子，长期照顾年迈父亲，直至父亲去世。她唯一的弟弟不但在父亲生时对他不闻不问，而且在父亲去世后，串通律师搞鬼，在父亲的遗嘱上做手脚，把父亲所有的财产全部窃取，只留给姐姐一只父亲的旧怀表。但是，当姐姐向弟弟要这只怀表纪念父亲的时候，弟弟却把表扔在地上，踩成碎片。她心怀愤怒，无法宽恕。

既然实在无法宽恕别人，那就不宽恕好了，不必有负罪感，而是宽恕自己的无法宽恕，然后把这种情绪转化为正面力量，带着它，继续前进。

说到底，我们生活在其中的这个社会是不完美、不太好和不完全光明的，暗黑和罪恶时时都会发生。不必与整个社会为敌，学着宽恕这个社会，知道它就是这样的，自己能做的，就是努力使它变好一点。

宽恕可得平静，这种平静发自内心，能把我们从负面的能量囚笼中释放出来。如果不肯宽恕，猛烈的恨意必将伤人伤己。

宽恕就像一束光，如果把它的范围扩大到最大，宽恕就消失了：既然大家都是一样的，还有什么好宽恕的呢？于是，也就不会使自己或别人因不被宽恕而愤怒，因愤怒而伤害，因伤害而被判罪，因害怕被判罪而重新愤怒……周而复始，于是，藉由宽恕，可达平安。

6 发现美就是成功

风霜雨雪是美的，行走世间的人也是美的，手边的书和杯中的茶是美的，过往的和现在的以及未至的光阴是美的，人的思想是美的，诗词歌赋是美的……这么多的美，让我们怎么好意思去不美好地生活？

上班路上，阳光暖暖地打在身上，像给经冬久寒的身体贴上了一层金箔。

快到单位的时候，扭头看见阳光又打在一株核桃树的叶片上，叶片被打得成了半透明，像翠玉一般。

进了单位的门，旁边是草坪，一叶叶针尖样的细草，每叶上面都顶着一滴小小的露，闪闪烁烁，安安静静，晶晶亮。

昨日去田里种菜，旁边菜农的地里好些葱都结了葱苞，主人不要了，我摘了许多回来，一半拌了一点点白面，用来炸丸子；一半直接炒了鸡蛋。颜色青嫩，味儿也还好。

这些都是好的。

因为这点点滴滴细细碎碎的好，觉得上班也有了意思，活着也有了意思。

《枕草子》是一本日本小女人清少纳言写的书，她在日本平安时代的宫廷里当差，在严谨朴讷的宫规下生活，却留心着发现日复一日的生活里的点点滴滴的美好。她写四时的情趣，写早早晚晚的光景，写人们穿的衣服和闲暇时的玩乐，写树木，写花，写虫……

她写："春天是破晓的时候最好。渐渐发白的山顶，有点亮了起来，紫色的云彩细微地横在那里，这是很有意思的。夏天是夜里最好。有月亮的时候，这是不必说了，就是暗夜，有萤火到处飞着，也是很有趣味的。"

她写："正月七日，去摘雪下青青初长的嫩菜，这些都是在宫里不常见的东西，拿了传观，很是热闹，是极有意思的事情。"

她写："树木的花是梅花，不论是浓的淡的，红梅最好。樱花是花瓣大、叶色浓、树枝细，开着花很有意思。藤花是花房长垂，颜色美丽的为佳。"

她写："看了觉得愉快的事是，将好看的仕女绘上画，附加一些很绝妙的题词。看祭礼的归途，有些车子上挤着许多男子，熟练的赶牛的人驾着车快走。洁白清楚的檀纸上，用很细的笔致，几乎是细得不能再细了，写着些诗词。"

她写："茅蜩也是很好玩的。叩头虫也是可怜的东西，这样虫的心里，也会发起道心，到处叩头行走着。又在意想不到暗的地方，听见它走着发出咯吱咯吱叩头的声音，也是很有意思的事情。"

她笔下全都是被人一忽而过，转瞬不见的东西，却被她很用心地记录下来。每天的生活劳碌烦琐，令人不耐，像是蓬生的丛草，支撑自己一天天过下来的，就是这丛草里星星点点的小花。这样的体味我也有，哪怕这花是开在梦里：昨夜梦里，一路上走着，前方路当中就开着桃花。刚刚展开花瓣，深深的花筒里面好像盛了蜜一样，闻一闻，沁人心脾，醉得我走路都踉踉跄跄。路旁是田，田里也开了很多的花，我下去看，又像是花，又像是芦苇，颜色青嫩漂亮。后边有一朵真真切切的桃花，大得像碗一样，花瓣薄得像嫩红的绸子，将要开败了。我看着它，摸着它，想起《红楼梦》里，宝玉揣想邢岫烟多年以后，也将乌发如银，形容枯槁，一时悲痛万分，想着自己容颜已逝，哭了起来，越哭越痛。

那样的一个梦，优美，开心，又忧伤。醒过来，我就揣着它洗漱、吃饭、上班、奔忙，自己悄悄地快乐和忧伤。

前天晚上，我下班回到家，坐在干净的餐桌边，柔和的灯光从头顶洒下。很安静，没有开电视，也没有放音乐。猫跑过来，跳到我腿上，趴卧下。我一只胳膊支着脑袋，把另一只手搭在桌沿上，猫傲娇地把脑袋稍抬高起来一点，搁在我悬垂下来的臂弯。我们两个都不言语。

真安静。

时光如水。

一寸、一寸地淌过去，像是看得见影子，上面还漂着落花。

就为这片刻，过去一年，紧促忙乱，好像都有了价值。

几个月前，出差去北京，忙到顾不上到处走一走，看一看。回来的路上，看见一个地方，栏杆逶迤，桥带如虹，冻树瘦枝虬曲，映着苍色的天空。那一刻心飞起来，飞快地绕着树梢转了一圈。明明未看，也似看了。一霎美景，抵得数日烟尘。觉得就冲这个，来得也值。

值，大约就是这么个意思：人生际遇，忽高忽低；人情往还，时厚时薄。可是只要命在，听得见夜来春雨，天明的卖花声，这一生就算没有白过。

也大约是这么一个兴味：日子穷苦难耐，也总算耐得过

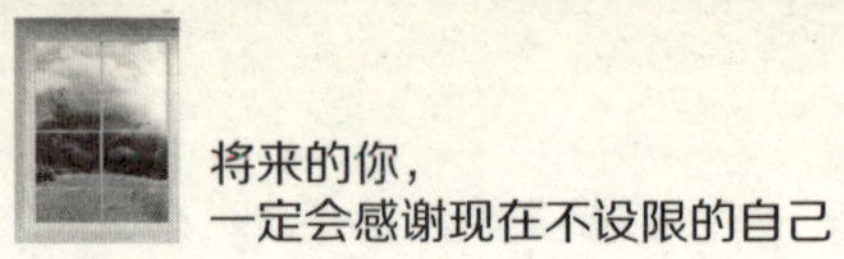

去；天寒受饥，也有天暖吃饱野菜蔬食的那一天。在这样的日子里，看见别人家里种满了普普通通的花，一路漫步，又看见蝴蝶飞舞，听见鸟儿鸣啼。这一刻，也觉得这几十年的恶风恶雨，天命不仁没有白挨。

“值”，大概还能表示出这么一个意趣：像是在跑道上挥汗如雨，奔跑不止。实在累了，停下来，手扶着膝盖喘粗气，这个时候，抬起头，鼻尖掠过一阵微风，又像是不曾掠过，只是幻觉，可是，就像打开了一个长期闭合的开关，原本被忽略的天地风云都出现在眼前。原来它们一直都在啊。这一刻，觉得过往再怎样辛苦，也都值了。

我看电影，不只是看情节，更像是看书，一个个精彩的镜头好像一个个精彩的段落，令人流连低徊。

前几天终于看了王家卫导演的《2046》，情节跳得厉害，稍不用心就拼不起来。一个一个的人物来了又去。刘嘉玲好像扮演一个舞女，爱上一个拈花惹草的男人，不停地和别的女人争风吃醋，粗着喉咙哭。那样深痛到刻骨的哭泣，那种忧郁绝望的眼神。感觉自己和她一样，也走投无路，心被烧得一点点焦燎、卷曲，疼得活活要死。

还有孙红雷主演的《全民目击》在结构上也可圈可点，采用三段论的倒叙方式。孙红雷扮演一个处心积虑搭救犯罪的女儿的父亲。他事业有成，心思深细，一掷千金，布置情节，到最后用自己换回女儿的自由——他为女儿顶了罪。要上法庭了，镜头从下朝上，照见他的一只手，一张然后猛地一握，拔步前行。一句豪言壮语没有，一个纠结的眼神也没有，也不见起步又踯躅的动作。一张又一合的手，说明了不可言说的一切。

又看了老片子《教父》。马龙·白兰度演绎了一个个说话含混不清、看上去完全温和无害的老头子教父。他被生意对手谋杀，受重伤卧床不起。小儿子替他报仇之后，为了避祸，远走高飞。对方疯狂报复，他大儿子被杀。他立即从病床上爬起来，召集全部黑帮老大开会，声明大儿子之死他不再追究，他地盘上的一切损失他也不追究，所有一切都不追究，只有一个条件，就是让小儿子平安归来——在会议上，他拥抱了另外一个指使杀他大儿子的黑帮老大。然后，他站起来，一瞬间杀气迸发，阴狠气质暴露无遗。他说：我是一个小心眼的人，如果我的小儿子不能平安归来，哪怕是得了病，或者是死于意外，我都会把罪过归于在座的所有人。摄影师也了不起，准确地捕捉到马龙·白兰度的面部表情。就冲这一个镜头，这一个表情，他是当之无愧的影帝。

还是老片子，梅尔·吉布森主演的《轰天炮》第一部。

他饰演的警察一边喝酒一边把玩手枪，然后把手枪顶在额头上，想了想，又顶在喉咙里。像是在研究怎么死，又像是怎么死都不对。镜头移到他的脸、他的眼睛。我看着他的眼睛，看着看着，就哭了。那么深、那么深的绝望。他的妻子死了十年，他一直深痛怀念。

看了这些，觉得看似浪费的时间却没有被浪费。

你说，人活着有什么意思？钱太多，钱就变得没有价值；位太显，位就变得没有价值；日子太多，日子就变得没有价值；工作太忙碌，工作就变得没有价值。其实这些不是真的没有价值，只是因为太多了，看起来没有价值。到手的东西，永远不如未到手和无法到手的东西更可贵，比如转眼即逝的时间，比如掬不到怀里的清风明月，比如听得见却留存不住的卖花声，比如这一刻、那一刻看到的东西，却又像水花一样转瞬消逝。比如忙乱一年，恰得宁静，猫却只肯用小脑袋偎我片刻，又起身跳开，顾自去玩。我却愿为这片刻宁静，再起身忙乱一年。

生活中的小美好无时无处不在，我们需要的只是一双发现美的眼睛。成功不仅仅是获得权力和金钱，能够发现生活中的美好，是另一种更有意义、更有弹性的成功，它能够支撑我们行走世间，虽然疲累，却不轻言放弃；虽然失败，却能积攒勇气，东山再起。

风霜雨雪是美的，行走世间的人是美的，手边的书和杯中的茶是美的，过往的和现在的以及未至的光阴是美的，人的思想是美的，诗词歌赋是美的……这么多的美，让我们怎么好意思去不美好地生活？把生活美美地、好好地过下去，比什么都有理由称为成功。

7 享受亲情就是成功

一叶浮萍心，亲老鬓次白，欲孝恐不在，假如你真的没有时间，或者不能、不肯、不愿常回家看爸妈，请务必记得把钞票寄回家。

亲情一向很复杂。所谓“父慈子孝、兄友弟恭”只不过是理想中的图景，一幅看似柔软，实则生硬的亲情模板。我们可以朝着这个方向努力，但是很多时候不能成功。放眼望去，确实应了那句俗语：“家家有本难念的经。”

要说举例子，例子很难举。每个生命个体的情况不一样，组成的家庭状况不一样，经营出来的亲情氛围也不一样。有的血浓于水，有的则寒冷如冰。有的家庭成员间彼此扶持，有的互相猜忌、互相伤害。

如我自己而言：我出生在一个普通而贫困的农民家庭，

父亲朴讷、不善言辞，给予了我无尽的关怀和包容；母亲粗暴、喜欢发脾气，给予了我无尽的苛责和斥骂。我小的时候，对母亲非常惧怕，只要她一瞪起眼睛大声吼我，我就会吓得直打哆嗦，晕头转向，看上去既弱智又白痴，于是她的怒气更会高涨，暴风骤雨来得更为猛烈。

有一回，我的母亲凶了我一顿，转脸又给了我一个当时十分难得的白面包子。我拿着它，说什么都不敢吃，心想：莫非我娘想毒死我？我拿着它，在猪圈前徘徊又徘徊，到最后，实在舍不得不吃，又实在不敢吃，就把里面的馅儿全倒给那头瞅着包子哼哼的老母猪，我吃包子皮。还有一次，村里来了一群要饭的，有个婶子逗我说里头有我的亲娘，我就当真回家收拾了一个简陋的布包包，还捡了一根柴火棍儿，准备拄着它跟着要饭的“亲娘”到处流浪去。

自从上学，如蒙大赦，终于不用成天待在家里栉“风”沐“雨”了。别人家的孩子一到星期天就欢天喜地，我一到星期天就愁得要死：哎呀，又要过周末了，又要回家了。我大约十来岁时，有一次，一家人围坐着吃饭，我爹不晓得说了句什么，我脑抽地回了句：“我才在你们家吃几年的饭呀，很快我就会嫁人了！”那个时候或许连嫁人是什么意思都不知道，就敢发这样的豪言壮语，惹得来串门的邻居大笑，又当笑话讲给别的邻居们听，臊得我脸通红。

果然，长大之后，我早早就结了婚，能不回去坚决不回去。我的母亲那时还半老不老，经常会骑着一辆小三轮，吱吱呀呀蹬上十来里地，来我的新家看我，给我送米、面、油，送青菜、花生、豆腐。来了就顺便住上两天。在这两天里，我又不由自主和她对抗起来。有一次言语冲突，火气冲头，甚至赶她走。生孩子的时候，我是剖宫产，躺在病床上，母亲风尘仆仆地来医院看我，一头一脸的汗，我看见她，心里一阵烦厌，甚至把脸扭过去冲着墙。

刚开始还以为世界上只有我们一对这样奇葩的母女，如冰炭不能同炉，后来才发现天底下这样的亲情关系多的是。曾经读过一篇文章，叫作《多想靠近你》，里面讲的就是一对经常闹矛盾的母女，好像天性排斥，龃龉不断。看过之后，我小心翼翼把它剪下来，贴到我的剪贴本上。

有一阵子，我热衷于读网络小说，还结识了一位长篇小说的作者——一个年轻的男孩子。这个世界上不幸的孩子很多，他算得上一个。十三岁时父母离婚，父亲另娶，母亲别嫁，他是被姥姥带大的。他上高中的那一年，姥姥也去世了。母亲嫁给了一个外国人，远居海外，又生了两个孩子。父亲倒是在国内，可是后母根本不许父亲见他。

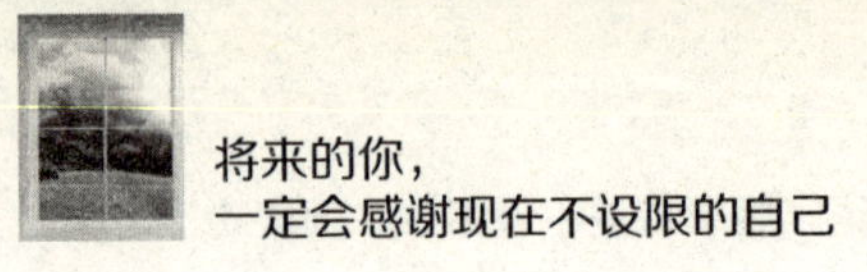

小小年纪，他一边读书一边做家教攒学费，营养不良，个子一直长不起来。也不是爸爸妈妈不给他钱，是他把钱留在账户上，分文不动。他心里恨：为什么父亲和母亲这么不负责任？相爱了又不好好相爱，结婚了又随便离婚，生了他又扔了他，扔了他又给他钱花，可是他要的是亲情和温情。

所以，工作之后，他不恋爱，不结婚，不去国外看妈妈，也不在国内陪爸爸过年。爸爸打来电话，说自己生病了，他才勉强回去一趟，却只待了五天。五天里在外边和昔日的同学们玩了四天半，回家只说了两句话："我来了。""我走了。"

说到底，还是恨。就像我和我的母亲。

要命的是，我有了小孩之后，也开始上演一场当年的悲摧轮回。我对我的孩子暴躁，多斥责；我的孩子对我反感，多反抗。我请他给我当"卧底"，因为我的小孩喜欢上网聊天，他是名牌大学毕业，我请他以陌生人的身份加上她，做她的朋友，这样我好掌握她的动向，也希望他的正能量能够传递给女儿。

他苦笑着答应了，说："我觉得，你们当爸爸妈妈的，太操心了。孩子哪那么容易就变坏了。"我慨叹他不养儿不知父母心，他没有说话。

一天晚上，我赶回娘家接来侄子的小娃娃，因为村里正闹口蹄疫，小孩接二连三地死伤。小孩的妈妈跟着一起来了，随行的还有一堆包袱，吃用俱全。我在网上跟他讲这事，他说："生养个小孩，真费心……"

今天我收到他的留言，说他妈妈要回国看他，他想给妈妈买礼物，来问我给五十岁的女人买什么礼物最合适。我说："你不要问五十岁的女人喜欢什么礼物，你只问一个当妈妈的和儿子分别这么多年，喜欢什么礼物——你的一个拥抱，胜过金宫银殿。"他沉默了一会儿，问："那，爸爸呢？"

"一样。"

确实是一样。我和我的母亲当年的情状，与我的小孩与我的情状，如出一辙，我们都是在被浓浓亲情摆布下，克制不住地做出伤害彼此的事来。因为觉得是亲人，所以你就对我应当完全理解，就算不能完全理解，也当完全包容，否则就不如路人。其实这话说得不对，纵使是亲人，也有各自的处世和行事方式，为什么一定要苛责亲人？为什么不能对亲人宽容一些？我们的亲人和我们一样，也会暴躁，也会失落，也会抑郁，也会受伤。如果实在是个性过强，不能彼此容谅的话，那就适当拉开距离，也比紧密靠在一起，彼此用刺扎得对方鲜血淋漓好一些。等到我们长大成人，我们的父母也日渐老去，这个时候，纵使过往有恨，如今也不应有恨，因为再恨就来不及爱、来不及孝顺了。亲情在的时候，就像拿着一大把的钞票而不自知，只是一张一张地撕碎扔出去，及至扔完，才惊觉亲情不在，悔痛已晚。

还有一个人，摊上一个懒爹，懒，属“陀螺”的，抽一抽才肯动一动。本来家里条件就差，他又不肯出去打工挣钱。晚上撂下碗就出门，看看这家打牌，听听那家聊天，一逛就逛了几十年。家里只剩他的母亲一个大人，在狭小的老房子里，洗衣服、做饭、给三个孩子洗澡，夏天拧火绳赶蚊子，冬天生泥炉取暖，一边就着煤油灯纳鞋底、补衣裳。

然后，母亲就抑郁成疾，被关进精神病院。他去看她，她哭着说“我不是精神病啊，求你让妈妈回家吧”。

他可怜母亲，所以更痛恨父亲。在痛恨中过了好多年，直到他变成大城市里的一个小职员，住租来的小房子，到超市里买打折的蔬菜，穿最平常不过的衣裳，小心翼翼地计算自己的花费，然后把剩下的一点钱，给母亲一半，给父亲一半——他爱母亲，自然要寄钞票回家给母亲，他明明厌恶父亲，寄回去的钞票却仍然有父亲的份儿。

虽然说歌里总是唱“常回家看看”，可是未必所有的子女都有条件能够常回家看看；虽然我们对于父母的理想总是父严母慈，但是摊派给我们的父母，却有的贪馋，有的小气，有的懒惰，有的贫穷，有的不负责任……

可是没有关系，他们始终是我们的父母。

如今，我每个周末都会回去看望父亲和母亲，和母亲之间冰封的关系不知道什么时候悄悄化开了。大约是四十岁以后吧，随着鬓发渐次变白，眼角皱纹加深，一点点理解了母亲那颗做母亲的心。

一叶浮萍心，亲老鬓次白，欲孝恐不在，假如你真的没有时间，或者不能、不肯、不愿常回家看爸妈，请务必记得把钞票寄回家——多幸运啊，你的钱寄出去，居然有人收，你的亲人还在这个世间，还有亲情让你牵挂，还有什么比这个更好的？

从什么时候开始，我们从想要从亲情中获得什么，变成想要在亲情中付出什么；从在亲情中付出之后觉得委屈，变成在亲情中付出后觉得光荣；从觉得亲情是自己的拖累，到觉得亲情是自己的享受，我们就成功了——说到底，这不是一个赤裸裸的金钱世界，不以权位论英雄。我们真正的成功，是想得到亲情的时候能够得到，想享受亲情的时候享受得着。

8 开心生活就是成功

真正的乐其实只有一个，就是无论任何境地，都能够自得其乐，就像那只著名的水壶，屁股烧得红红的啦，还有心情坐在那里吹口哨。

很多时候，开心和快乐都不是别人给的，而是自己找来的。同样是下雨，这种天气是没有什么心情附加值的，可是卖雨伞的就很快乐，因为他的伞可以卖出去了；出差的人就不开心，因为会淋湿衣裳，还不好打车。这个附加值是被人为地加上去的，有的人给它加上了快乐，有的人给它加上了不快乐。加上快乐的，出来进去可以哼着歌，血压也妥妥的，身体各个部件都妥妥的。加上不开心的，说不定就血压升高，眼前发黑，身体出了毛病。

所以说开心生活很重要。就像一个人掉下悬崖，被挂在树枝上，这件事本身是没有什么心情附加值的，可是掉下去的那个人如果吓得要死，想着完蛋了，要死了，这件事就成了彻头彻尾的悲剧；如果掉下去的那个人一扭头看见悬崖边上长着一片蘑菇：咦，可以揪蘑菇炒菜。这件事就成了一个幽默故事。一边是恐惧，一边是幽默，这个附加值也是被人为地加在这个事件中的。

所以说我们日常过的每一分每一秒，经历的每件事，听过和说过的每句话，遇见了的每个人，或者看见了一朵花、一条狗、一只猫，所有这些，都只是事情而已，没什么附加值的，就看你给它添加上什么颜色了。有的人觉得每一分每一秒都是好的，经历的每件事都是好的，看见的每个人和每个景象都是好的，那他就时时刻刻都是开心的。

开心生活很重要，它需要一个很重要的技能：自得其乐。

晚上与朋友聊天，他问我参没参加一个评奖。我说没有，他说我傻，人家都在争，你为什么不去争取。我说我哪里傻了。明知道争不过人家还硬要往上冲，这才是真傻。评上了当然揽金揽银，有利有名，可是如果评不上，我会生气，会心理不平衡。一生气说不定血压高，血压高说不定脑溢血，脑溢血说不定半身不遂……

所以说这样的“好事”当头，轮得上最好，轮不上也别

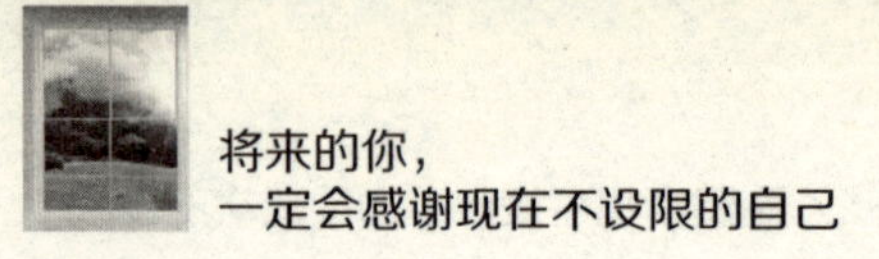

拼着老命抢。

人是不能贪的，不是因为豁达，而是因为害怕。

害怕不能自得其乐。

人生一世，生也苦，死也苦，老也苦，病也苦，爱别离，怨憎会，求不得，无一不苦，跟一座五行山似的，把一只活蹦乱跳的猴子快压死了。可是那被压的猴子居然也能找快乐。樵夫来他面前扒柴挑菜，他和人家搭讪，无人的时候，伸着能动的手捉蝴蝶……

这份快乐是自己找来的，就跟前几年网上流行的偷菜似的。明明一个个上班上得快要累死了，办事不力快被老板骂死了，太过出色又快被同事排挤死了，下了班又被老妈逼着相亲快烦死了……按理说人生如此灰暗，应该是痛不欲生的，大家却一个个都有这份闲心，半夜爬起来上网偷人家的土豆萝卜人参果。反正苹果不是真苹果，梨也不是真梨，偷了又不犯法，在现实中被种种规则束缚着，如今却可以客串一把“小偷”、“窃贼”，岂不快哉，不亦乐乎。

若能把这种精神带到现实中，就更了不起了。

读过一篇小文章，说一家香港人节俭到从不出门饮茶吃饭，省下钱来置了一处360尺的“豪宅”——折合下来是我们的36平方米，以男主人一米七八的身高，他坐在自家那张半新的布艺沙发上，把脚搭到矮凳上，脚底板就能顶住墙，居然还惬意得很，一副功成名就的模样。

这样的人没有傻到不知道自己穷，不知道真正的豪宅长什么样，他只是把苦日子当成甜日子过。好比农耕时代的老农民，信奉锄头下有雨，庄稼地里有黄金，一颗汗珠摔八瓣挣来自己的衣食住行，扛锄回家的路上还能唱歌。因为所求不多，所以活得快乐。

金榜题名不是乐，乐完了跑去当官，如履薄冰，战战兢兢；久旱逢雨不是乐，乐完了要下地干活，手上脚上都磨得起了泡；他乡遇旧不是乐，乐完了他说不定要跟你借钱呢，你是给呀，还是不给；洞房花烛不是乐，乐完了，说不定会发现自己娶了一头“母狮子”呢。真正的乐其实只有一个，就是无论任何境地，都能够自得其乐，就像那只著名的水壶，屁股被烧得红红的啦，还有心情坐在那里吹口哨。

自得其乐是一个自寻开心的过程。遇到命途中的大事，也需要这样的精神。

一个女友，工作一般，生活境遇平常，虽是绣口锦心，却不免生活压迫之忧。她有两个备选男友：第一个，样貌平常，却富有多金，煞风景的是不解风情，她说的是西，他却理解成东。他爱她，她却不爱他。第二个，样貌过得去，尤

其眼睛像一泓深潭，会作诗，会写文章，会和她一起谈论海子与黑格尔，会畅想未来。只不过他是一个机修技工，月入不过两千大元。

怎么办？

她选择得好艰难。

一年后，再见到她，脸儿圆圆，眼睛圆圆，大腹便便，是一个幸福的准妈妈。伴在她身边的是那个其貌不扬的矮富丑老公。我问她怎样做出的选择，她说，“我想明白了，我这个人已经苦怕穷怕了，必得先有面包，才能讲爱情。吃草籽喝清水就能过生活的那是鸟，不是人。它们有翅膀，能飞，我飞不动”。

“那另外一个人呢？你和他还有联系吗？”我问她。

“有啊”，她轻快地回答，“面包有了，才能培育爱情之花。若是我嫁给了他，生活很快就会逼得我们剥除浪漫，到那时哪还有什么奢侈的心情去谈诗歌谈爱情。如今不用他去替我挣面包，他亦娶了一个不去逼他挣更多面包的人，大家的生活都轻松，而我们对于彼此，不过就是填补内心苍白的那一点红。”

无论你做什么选择，只是记得，千万千万，要自己开心。

黛玉是怎样得了那劳什子的病的？

敏感、多疑，导致眠少、梦多；思虑过多，导致脾胃失和；焦心劳瘁，导致吃饭少吃气多。真的是春恨秋悲皆自惹啊！

我们失去健康，也是自找的。整天抑郁、易怒、愤怨却奇怪自己为何会得甲亢，拼命抽烟却奇怪自己为什么会得肺癌，吃肥肉却奇怪自己为什么会得高血压，心胸狭窄、急躁易怒却奇怪自己为什么会得心脏病。我们整天都在鼓吹无情角逐和互相竞争，却又奇怪为什么现在中风的比得感冒的还多……

那么清澈透明的生命之溪，就这样被不良情绪的黑水染污了。

身体原本是和谐美好的城堡，却被不良情绪风剥雨蚀，最终不保。

眼前有花直须折，得快乐时且快乐。无论何时何地，何境何遇，都能开心生活，就是最大的成功。

第五辑

看，你拥有了整个世界

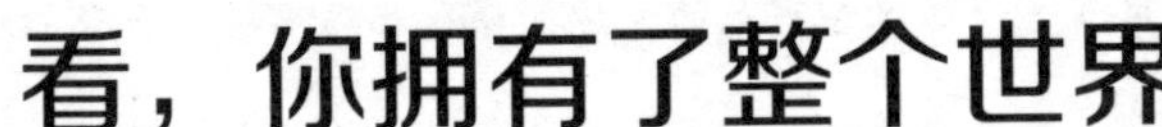

“拥有整个世界”，看似很狂妄的一句话，事实上，却是真的可以做到的。而做到的方式，就是远离控制欲，事实证明，越想控制的，越控制不住；越是控制欲大爆发的人，最终都会自取灭亡。顺其自然反而拥有更多。同时，还要注意，不要有过于旺盛的欲望。希望是好的，没有希望的世界会变得冰冷；但是当希望变成急不可耐的期待的时候，世界也就成了一个被欲望煎熬的火炉，让人苦痛不堪。当我们永怀希望，顺其自然，不忧不惧，活在自己的心里的时候，世界也就成了我们的了。说到底，外部的世界只不过给人搭了一个活动的布景，真正的世界永远是在心里。

1 不控制

为什么总想改变别人，而不想改变自己？为什么不尊重他人、尊重社会、尊重命运？人生一世，为免烦恼，还是要学会从善如流，尽量少地控制他人，尽量多地控制自己的控制欲望。

曹禺的名剧《雷雨》里，周朴园是一家之主，同时也是一个控制欲非常强的人。他要所有的人都听他的话，对他俯首帖耳。就像他的儿子周萍说的："父亲就是这样，他的话，向来不能改的。他的意见就是法律。"就连太太繁漪喝药这件小事，都要完全听从他的主张：

"朴：……（向四凤）叫你给太太煎的药呢？

四：煎好了。

朴：为什么不拿来？

四：（看繁漪，不说话）。

繁：（觉出四周的征兆有些恶相）她刚才给我倒来了，我没有喝。

朴：为什么？（停，向四凤）药呢？

繁：（快说）倒了。我叫四凤倒了。

朴：（慢）倒了？哦？（更慢）倒了！——（向四凤）药还有吗？

四：药罐里还有一点。

朴：（低而缓地）倒了来。

繁：（反抗地）我不愿意喝这种苦东西。

朴：（向四凤，高声）倒了来。

［四凤走到左面倒药。］

冲：爸，妈不愿意，你何必这样强迫呢？

朴：你同你妈都不知道自己的病在哪儿。（向繁漪低声）你喝了，就会完全好的。（见四凤犹豫，指药）送到太太那里去。

繁：（顺忍地）好，先放在这儿。

朴：（不高兴地）不。你最好现在喝了它吧。

繁：（忽然）四凤，你把它拿走。

朴：（忽然严厉地）喝了药，不要任性，当着这么大的孩子。

繁：（声颤）我不想喝。

朴：冲儿，你把药端到母亲面前去。

冲：（反抗地）爸！

朴：（怒视）去！

［周冲只好把药端到繁漪面前。］

朴：说，请母亲喝。

冲：（拿着药碗，手发颤，回头，高声）爸，您不要这样。

朴：（高声地）我要你说。

萍：（低头，至冲前，低声）听父亲的话吧，父亲的脾气你是知道的。

冲：（无法，含着泪，向着母亲）您喝吧，为我喝一点吧，要不然，父亲的气是不会消的。

繁：（恳求地）哦，留着我晚上喝不成吗？

朴：（冷峻地）繁漪，当了母亲的人，处处应当替子女着想，就是自己不保重身体，也应当替孩子做个服从的榜样。

繁：（四面看一看，望望朴园又望望萍。拿起药，落下眼泪，忽而又放下）哦！不！我喝不下！

朴：萍儿，劝你母亲喝下去。

萍：爸！我——

朴：去，走到母亲面前！跪下，劝你的母亲。

［萍走至繁漪面前。］

萍：（求恕地）哦，爸爸！

朴：（高声）跪下！（萍望着繁漪和冲；繁漪泪痕满面，冲全身发抖）叫你跪下！（萍正向下跪）

繁：（望着萍，不等萍跪下，急促地）我喝，我现在喝！（拿碗，喝了两口，气得眼泪又涌出来，她望一望朴园的峻厉的眼和苦恼着的萍，咽下愤恨，一气喝下！）哦……（哭着，由右边饭厅跑下。）

这里面只有一个关键词：服从。

他让太太喝药，不是为太太身体着想，是为要太太服从他。太太不肯，他就让儿子去跪劝，好逼太太就范。他是这个家庭里的暴君。

可是这个暴君的下场如何呢？没有人肯真心地服从一个暴君，大家都各打各的主意，各奔各的前程，到后来天怒人怨，妻离子散，家破人亡。而封建王朝的君主，凡是想以铁腕控制天下的，大抵都烟消云散。君不见秦始皇、隋炀帝的下场？

美国心理学家阿伦森在《社会心理学》中提到，人们都有保持良好自我感觉的需要，希望维持合理的高自尊。即认为自己是好的、有能力的、高尚的。为了达到这个目的，客观来讲，我们每个人多多少少都有点控制欲，要让别人听自己的话，而不愿意去听别人的话。还有的比较彪悍的，甚至想控制命运，逆天改命。问题是，各人有各人的思想、理念、处世原则、做事方式，你能控制得了吗？命运有运行规则，你能控制得了吗？这个教训我已经从自己的孩子身上得到了。孩子小的时候，凡事我都要替她安排，读什么书、上什么学校、念什么样的兴趣班、考什么样的成绩，如果做不到，就加大教育力度，身教、言教一起上，结果搞得孩子和我都疲惫不堪，她的成绩也距离我的预期差得远之又远。孩子如今已经长大，自己选了一个职业类的大专院校来上，脱离我的掌控后，我也觉得轻松，她也觉得轻松。感觉就像条河，我放开了，水就开始自由流动了；当初我把这条河看管得好紧，这里堵那里堵，结果是这里跑水那里跑水，如今让水自由流动，两岸鸟语花香。

刚看了一个电视节目，一对情侣闹别扭，让观众和嘉宾来评判是非曲直。男孩和女孩本来都是服务员出身，地位平等带来了交流方式的平等；男孩如今做到了大堂副理，说话和做事的方式就变了：女孩必须穿他给她选择的衣裳，必须做他想吃的饭菜，必须替他买他用来泡脚的食盐——还要买固定牌子的，买成别的牌子的就是错。女孩说，我不能有我自己的穿衣爱好吗？你喜欢我穿得花红柳绿的，可是我就喜欢穿得黑白配，素净。男孩说，你懂什么？你穿衣服不是给我的看吗？我说不好看你穿着还有什么意义？女孩说，你要泡脚为什么你不去买盐，为什么要让我买？我买了你又说我买得不对。男孩说，我赚钱多让你给我买袋盐怎么了？你买的牌子不对，我让你换有错吗？你自己不长脑子还有理了？嘉宾说，你为什么这么喜欢管着她呀？男孩说，她要和我过下半辈子的，我不该管着她吗？我都给气笑了：假以时日，这小子如果功成名就，褪去轻狂浮躁、小人得志之气，添加了阴鸷凶狠，就是第二个周朴园。问题是，女孩子不买账啊！谁被这么绳捆索绑地控制，谁也不买账。你以为中外历史上的革命都是怎么来的？就是控制太狠了，不得不反抗。

为什么总想改变别人，而不想改变自己呢？因为改变别人，就可以把问题光明正大地归咎到别人的身上，自己没有错误，这样一来，高度良好的自我感觉就保持住了。但是，负责任地说一句，你肯定不可能永远都保持这种高度良好的自我感觉，到了临界点，别人会毫不留情地打碎它，让你看见更不堪的自我。

为了不冒这个风险，更是为了尊重他人、尊重社会、尊重命运，最大的目的则是让自己过得更开心，还是学会从善如流，尽量少地控制他人，尽量多地控制自己的欲望。

学会欣赏比占有更幸福

2 不期待

> 我们完完全全过不成那种符合期待的人生，所以干脆不期待任何样式的人生，那么无论我们的人生过成什么样，都是好的。

人总是会自觉不自觉地期待。民谚都讲说“种瓜得瓜，种豆得豆”。旧时读书人求金榜题名，如今我们去寺庙烧香，都要求家人平安康健，自己能升官赚钱。平时随便说句话，都带着期待的色彩，“等我有了钱，我要怎样怎样”，“等我当了官，我要怎样怎样”，“等我长大了，我要怎样怎样”，“等我退了休，我要怎样怎样”……总是在自觉不自觉地把重点放在未来，还美其名曰“希望”。

希望有能实现的希望和不能实现的希望；期待有美梦成真的一天也有不能美梦成真的一天。结果我们的心就永远都处在一种不踏实、半悬空的状态，为一个拿不准的未来，而忽略了正握在手里的一分一秒过着的现在。或者是刻苦、拼命、顾不上享受清闲和幸福地过着现在，就为了一个拿不准的未来。“陋室空堂，当年笏满床；衰草枯杨，曾为歌舞场。金满箱，银满箱，转眼乞丐人皆谤。正叹他人命不长，那知自己归来丧？因嫌纱帽小，致使锁枷扛；昨怜破袄寒，今嫌紫蟒长。”事与愿违的事情有许多，人生如同渡海，这一刻不知道下一刻。既然我们不是摩西，没有本事劈开红海；不是达摩，做不到一苇渡江；那就干脆心无所待，随遇而安。

在一本叫《事事本无碍》的书里，作者讲述了妻子的故事：他的妻子得了癌症。曾经有人向她保证此病必好，她就喜出望外；有人跟她说是不治之症，她的心又如饮冰雪。采用A疗法，又担心不如B疗法或者C疗法的效果好；看了甲医生，又担心不如乙医生或者丙医生高明。在种种好消息、坏消息、猜疑以及与不确定的未来搏斗的过程中，她学会了随波逐流，爱咋咋地。事情来了，那就让它来，事态有变，那就任它变。屋外狂风肆虐，一场大火正在不远处的峡谷中燃烧，已经有76户人家被迫撤离。她和爱人也随时准备撤离。可是她不焦灼，还腾得出心来，慈悲怜恤那些被迫搬离家园的人，为他们祈福。

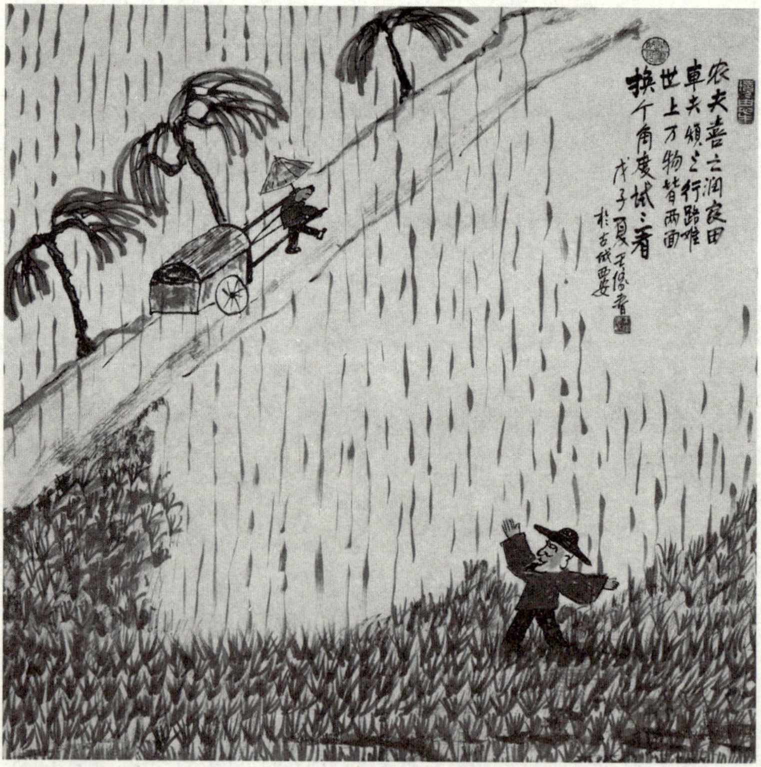
农夫喜之润良田
车夫烦之行路难
世上万物皆两面
换个角度试试看
戊子夏
于古城西安

她放下以前紧执不放的种种，甚至不再担忧生命和期待活得更长，只想将眼前这一刻过得快乐："我要在寒冷的冬天燃起炉火，和肯（她的丈夫）与狗儿们一同窝在炉边取暖。我要仿效芬德霍恩的生活，有充足的时间休息、静修、思考、访友，在花园中悠游地散步，享受午后的阳光。我想起近来在阿斯彭度过的夜晚，我们围坐在布鲁斯的小木屋前的篝火旁。凯洛斯依偎在肯的膝盖上，我们互相取暖来驱走入夜后山区的寒冷。我们教一个英国游客烤药蜀葵的技巧。我至今仍记得她说对美国人的第一印象是他们忙碌和飞快的步伐，让他们看上去很疯狂。"

她把摄影器材全部送人了，也将那些过去曾带给自己快乐的衣服、小饰物和有流苏的长围巾，通通分送给最好的朋友的孩子们，背着象征不能自由呼吸、生命快要走到尽头的氧气筒，脸上散发喜悦的光辉，像一只趴浮在透明气流上的蝴蝶，随风飘荡。

当然，不期待不是不作为。因为不期待一个好的结果，干脆就将应付出的努力也放弃了。生活是要一天天认认真真地好好过下去的。人活着有三种境界：有的人不问耕耘，只问收获；有的人既问耕耘，又问收获；有的人不问收获，只问耕耘。第一种人最易沦为寄生虫，第二种人即我们芸芸众生，一

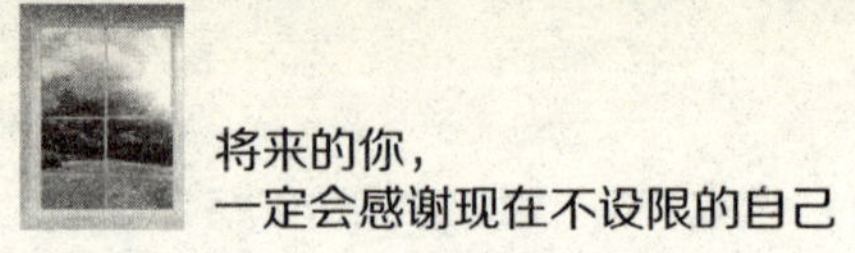

半生活在现在，一半生活在未来；第三种人才是真正的大智慧者，因为他的心不像风筝一样虽然在天上飞，却被一根叫作“期待”的绳紧拽，而是得了真正的自由——就像你写作，却不期待自己变成个什么。你当官，并不期待能当多大的官。你是富翁，并不期待资产有多少亿。你清修，并不期待能够上天堂。无论做什么，都不去要求有什么明确的结果，于是，心就是自由的。

还有，因为爱一个人，就想在这个人身上得到回报，这样的想法，也是在期待，却多不能得圆满的结果，甚至因爱生恨也是有的。所以电影、电视剧里，老是有人声泪俱下地控诉说：“我这么爱你，你怎么能这么对我？”拜托，你爱人家是你的事，人家要怎么对待你是人家的事，二者本是互不相干的，是你自己的期待值过高了。同样的道理，你爱父母，爱兄弟姐妹，爱家庭成员，因为爱而奉献，奉献也便奉献了，不能像一句歌词里唱道的：“我为你做了这么多，你却一点都没有感动过。”爱不爱家人是你的自由，奉献不奉献也是你的自由，而对方感动不感动则是人家的自由；不能因为你选择了爱与奉献，就要求人家回报对等的感动。这是看似公平的最大的不公平：你在用你的期待进行亲情或者爱情的“胁迫”。

甚至我们可以对一切进入生活“关系网”的点进行胁迫：和人、和动物、和植物、和天、和地、和神、和佛，总之就是我付出了什么，我就期待所得能够等值甚至超值，否则一切就都是你们的不好：亲人朋友不好，同事领导不好，猫猫狗狗不好，花花草草不好，天也不好，地也不好，神佛也不好。生活中本来不如意事就十有八九，于是，生活的每个点都被“不好”这个标签贴满了，自己还能快乐得起来吗？

放手吧。

把自由还给亲人朋友，让人家想干什么就干什么，想怎么做就怎么做；还给猫猫狗狗、花花草草，让人家想陪伴你就陪伴你，不想陪伴你就另择新主；还给天地，别再有什么事就骂“死老天爷”了，人家老天爷可没管过你做什么和不做什么，也没有对你有过什么期待，对人家公平些；还给神佛，别再觉得给人家烧烧香拜拜佛，就觉得人家受了你的香火，就有义务保护你平平安安，保佑你升官发财。

还有，如果你做慈善，援助失学儿童或者得了重病的人，也请放过他们，别再要求人家用成绩来回报你，用感激来对待你。你怎么做是你的事，做过了，心愿完成，轻松了，至于别人怎样，随他去吧。你也自由，他也自由。我们只做自己当做、应做、该做和能做的事，至于那受助者会怎样，着实不必期待。背负着沉重的期待过日子，对期待者和被期待者来说，都是负担，都不快乐。

说到底，别人做什么、有什么、说什么、想什么、要什么，都和你无关。你只要在和你发生着关系的一个一个的“点”里，来证明你是谁就可以了。

这样一来，你会发现你再也不去期待别人给你什么承诺了，因为承诺是最不靠谱的东西，而依靠别人说话算话来过生活，就像在沙堡上造房子，要多不可靠，就多不可靠。人家承诺了，想兑现，是人家的自由；人家说话了，却不想算话，也是人家的自由。一个被迫去遵守和兑现承诺的人，会心怀怨恨的，谁知道这种怨恨会导致什么？你愿意这种怨恨冲着你来吗？暗中的怨恨像箭头，射出去的时候，是带毒的。

好吧。说到底，一句话：我们完完全全过不成那种符合期待的人生，所以干脆不期待任何样式的人生，那么无论我们的人生过成什么样，都是好的——而且还是最好的，因为我们的心始终得自由。

3 不嫉妒

我们的快乐如果来自于胜过他人，那我们就难免嫉妒；如果快乐来自于自我，来自于内心，我们又怎么会嫉妒自我，嫉妒自己的心？于是嫉妒就没有了。

嫉妒的故事太多了，说不完。

最有名的是“既生瑜，何生亮”。周瑜大才，风姿俊雅，惜乎心量窄狭，嫉妒诸葛亮神机妙算、出奇制胜，一心置其于死地，却被诸葛亮屡屡逃脱，且嘲骂他“周郎妙计安天下，赔了夫人又折兵”，周瑜被活活气死，且留下一句千古名言：“既生瑜，何生亮！”

问题是老天爷就是这么促狭，生了一个你，就一定会生一个甚至多个乃至无数个比你更优秀的人物。

一条过往的新闻讲的是纽约市一个华人社区的一名成年

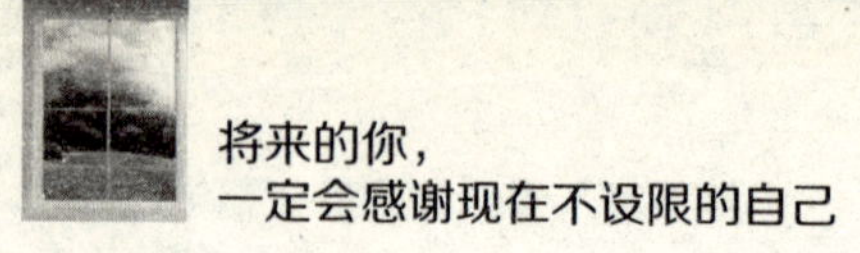

女子及其4个孩子被捅死。被害者的一名在家中借住的亲戚事后被捕，在警局他向警方坦承自己行凶是因为嫉妒。媒体援引警方的话报道："嫌疑人感觉他们（被害人一家）拥有一切，自己却一无所有。他们过得很好，而自己却为生存而挣扎。"

这种嫉妒差不多可以算作原罪，因为《圣经》里就有过这样的故事，主角该隐和亚伯是亚当和夏娃的两个儿子，他们是亲兄弟。因为该隐嫉妒弟弟得父亲喜欢，就把弟弟杀死，自己也遭到了惩罚，流离飘荡，凡遇见他的必杀他——他就是西方传统神话中鼎鼎大名的吸血鬼的始祖。

耶稣为什么会死？他就是死在凡人的嫉妒之下。世人奇怪他怎能拥有他们所找不到的东西，他怎能如此心地宽广而喜悦，然后他们产生嫉妒，嫉妒变成愤怒，愤怒让他们杀死了他；然后目睹他的死亡后，又尊他为圣。

到现在我还记得侄子在兄嫂生下了一个小女儿之后，痛不欲生，天天大哭大叫："把妹妹扔西瓜地里！"因为他实在受不了小妹妹分走独属于自己的宠爱。当然，这只是一个小例子，两个孩子长大后也十分相亲相爱，当哥哥的用亲情化解了嫉妒的小火苗。但是在社会上，这种嫉妒之火可不容易熄灭。

有一篇文章讲作者的朋友出于好心，因为乡下一个远亲生活困难，就把人家的小孩接过来代为抚养和资助其上学。可是孩子却写了一篇文章，控诉社会的不公：为什么有些人一天到晚什么也不干，却吃香的喝辣的？比如我大舅李良成（就是作者的朋友），他一家人每天除了看电视，就是逛街购物，却总有花不完的钱。有钱人就是好，想买什么就买什么……这个孩子根本看不见他大舅为怕耽误他，是如何奔波劳碌的。

估计每个人都有过嫉妒的经历，那份难受，真像一把刀在心里绞，绞来绞去，身体不出毛病才怪，伤身伤命啊。

怎么办？

没有灵丹妙药，也没有特别好的方法。一句话：当这种名为嫉妒的情绪袭来的时候，警醒地看见它，把它弱化，将其变成羡慕，再把羡慕强化，变成前进的动力。

嫉妒司杀，羡慕司生。

小娃娃看见大人个子高高，于是自己也想个子高高，于是多多吃菜、吃饭，这就是羡慕带来的良性反应。说到底，要清楚我们的快乐来自哪里：如果来自于胜过他人，那我们就难免嫉妒；如果来自于别人的爱，那我们也难免嫉妒；如果来自于一切外在的东西，一旦这种东西为他人拥有，且拥有得更多，也难免嫉妒。如果快乐来自于自我，来自于内心呢？我们又怎么会嫉妒自我，嫉妒自己的心？于是嫉妒就没有了。

没错，就是为我们的人生找到一个新的理由：不向别人索取什么，就不会因为索取不到而失落；不对别人有所期待，就不会因为期待落空而怨怼；不跟别人争求什么，就不会因为争求不到而嫉妒。这么一来，不为别人活，只为自己活，不让别人的成功危及自己的成功，不让别人的快乐影响自己的快乐。

4 不对抗

与人为善者未必人肯与你为善，可是与人为恶者，人却必得要与你为恶。相较起来，与人为善还是占便宜比较多。

一个朋友，调到新单位上班，因为离家近，每天步行。一天在路上被她婆婆家的小黑狗盯上了，紧跟着不放，竟然一路跟到了单位，赶它也赶不开。她又气又笑，只好进了办公室，那条狗不懂事，躲开门卫的眼，也溜进了办公楼里。她不理它，埋头办公，过了一会儿，起身去看，狗走了。

原本不过是生活中一个有趣的小插曲，结果有一天，一个同事神神秘秘地拦住她，问："听说，你带狗上班？"

她吓得一愣："你听谁说的？"

对方说，你们科长找咱们的大领导告状，说你带狗上班。

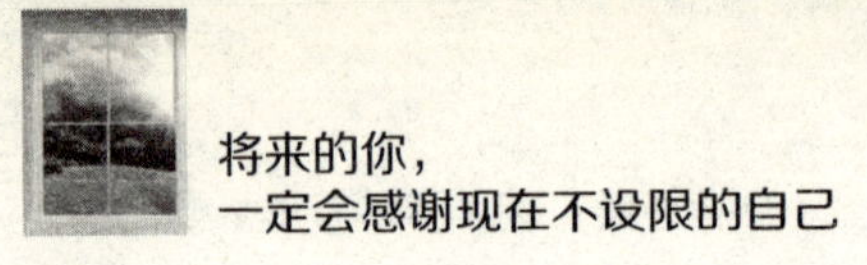

她气坏了：怎么这么捕风捉影。不过就那么一次，小狗耍赖，跟进来一回，后来就再也没有这回事了。她觉得有必要和这个顶头上司解释一下，结果她往科长桌前一坐，说那天带狗上班，其实是这样的，不是我非要带狗上班，我也没有那个闲情逸致带狗上班，不过是我婆婆家的狗，半路上非要跟上我，赶也赶不走，我总不能打它一顿……科长脸色嗡然一红，瞬间又变得铁青，大手一挥："你不是我们科的人，你也不归我管，这事儿你跟我解释不着！你走！"

谁知，这件事并没有就这么过去。从此，科室里发福利、领劳保，一概没有她的份儿，想要？自己去领。元旦那天，朋友问候科长新年快乐，她哼也不哼一声。

事实上，那天和这个朋友一起倒霉地被告了"御状"的，还有两个同事：第一个同事的"罪名"是不听话，第二个同事的"罪名"是乱串办公室。而那个"不听话"的同事天天为她鞍前马后；那个"乱串办公室"的，只不过是到别的办公室借用一点办公用品。从此，所有人都对这个科长避之不及，生怕再有什么小辫子被她抓在手里。

一天，大家都去外面开大会，朋友有事到单位，就听见她的上司在楼道里破口大骂，也不知道为了什么，只让人恨不得捂住耳朵不去听；晚上，那个被她打过小报道"乱串办公室”的同事给朋友打电话，说科长在办公室凶性大发，摔砸桌椅、电话，骂天骂地骂狗骂鸡骂领导骂同事，说都不是好人，都打她小报告，传她闲话，给她穿小鞋，都不理她。

朋友又把这件事转述给我听，我好像看见一个陷身荆棘丛的母狮，左冲右突，被扎得疼痛难挨，暴跳如雷。叹口气：这又何苦来。你若不挑人刺，别人怎会挑你刺？你若不想着坑害人，又怎么会天天想着会被别人坑害？你送人玫瑰，别人又怎么会赠你荆棘？你送人荆棘，又怎么怪得别人不肯赠你玫瑰？你坑陷人家一回，人家惹不起躲得起；未必你坑陷的所有人都肯息事宁人。你只说你是一只蝴蝶，轻轻扇了一下翅膀，却不知道后来你淋的大雨，就是你扇的那一下翅膀所致。

有时想想，做人真是很玄妙的一件事。与人为善者未必人肯与你为善，可是与人为恶者，人却必得要与你为恶。相较起来，与人为善还是占便宜比较多。一个太平洋，可装得下不知道多少座喜马拉雅山，山虽高峻，急风烈烈，不如水涵养万物，容纳乾坤，照映日月。

说到底，这个朋友的顶头上司，是对抗精神太强了，乐于和万事万物对抗，觉得整个世界都必须随顺自己的心意，否则就是和自己过不去，而自己必然也要和这个世界过不去。问题是，你能对抗得了整个世界的运转吗？较劲的结果就一定会好吗？如果好，你就不会大哭大骂了。

还有一个“小朋友”，刚进一家公司不到两年，算是新人，一天中午因为有事，第一次上班迟到。虽然当时心里忐忑不安，不过发现大家好像都没拿这当回事，就放下心来。谁知第二天主管就把他找去进行了深刻严肃的谈话，并且批评他一贯无组织无纪律自由散漫。他郁闷了：这个“一贯”从何说起？不过是一次迟到而已，平时自己明明工作认真，怎么在主管的眼里就成了吊儿郎当的人？

而且主管昨天并不在办公室，显然是有人给他告了黑状。他反省自己的行为，平时做事也不莽撞，而且很认真负责，很低调，从不蹬高踩低，为什么会有人这样对他？

没办法，他只好更加小心翼翼。但一批经他手检测的产品又出了问题，主任又把他抓过去一通训，再一次把他从工作能力到工作态度都批得一无是处，上次午休迟到的事也给翻了出来。真郁闷。

他出来后，同事们都围上来安慰了一番，一直颇为关照他的前辈刘工也大力拍了拍他的肩膀，说：“别难过，失误什么的很正常，挨训也很正常，别放在心上。”他笑了笑，在周围貌似“真诚”的面孔里搜索了一圈，觉得谁都像“黑”他的

微笑、对人是礼物、对己是財富
今天你微笑了嗎？
二〇一〇年秋月王家春写之

人。真是知人知面不知心，他想。是和自己同期进入公司的同事吗？大家都是新人，都想出人头地，你不踩我不代表我不想去踩你。而且你看他们，有的目中无人，有的谦卑过分，随便拎出哪个都像是会在背后做小动作的人。

可是，第二天却有人告诉他，说自己亲眼见到刘工在主任面前说他坏话！他更震惊了：刘工是上面特地分派下来带他的，算是他的师傅了，怎么会陷害徒弟呢？那人说，你真傻，如果上司认定你一贯自由散漫，不认真工作，那你的工作功劳，他不就可以顺理成章占为己有了吗？

他感到了空前的别扭。刘工看上去还是那么慈祥和蔼，完全是一副对新丁照顾得无微不至的前辈导师的模样。以前他只觉得敬重和温暖，现在却对这种春风化雨的长者风度感到毛骨悚然。

他闷闷不乐地下班回家，他的朋友问他怎么回事，他如实告知，朋友想了一会儿，说："也许这是个误会吧？你平时是不是不爱跟他请教问题，只喜欢自己埋头苦干？"他辩解说："刘工虽说名义上是带我，可我实在没什么可以向他请教的啊——他懂的还没我多呢。"的确，一个高等院校毕业的高才生，有什么可向一个糟老头请教的？

朋友说："一般上点年纪的人，都会觉得空间正在被年轻人霸占，心理当然会不平衡。这时候哪怕年轻人有一点失礼的举动，都会让他们觉得人心不古，年轻人不懂敬老尊贤。而你偏偏老爱自己单干，把人晾在一边，人家当然不满意了。而且，”朋友叹口气，接着说，“我猜你平时肯定是不爱说话，不怎么和同事们交流的，对吧？我建议你把看专业书的劲头分出一点来和人聊聊天。”

他很不服气地说：“可是我实习的时候就这样，领导说我工作认真，对我评价很高呢。”

朋友说实习的时候领导随时都在关注你，正式参加工作以后，领导的事情那么多，怎么可能老是把目光放在你身上，大部分时间还是要从别人那里了解你的表现。如果你过于孤芳自赏，像朵遗世出尘的白莲花一样，周围的人自然会觉得你心高气傲，然后就会觉得受到了你的鄙视，开始强烈反弹。这次是一个刘工说你的坏话，下次就不知道会有多少人说你的坏话了。所以，一定要顾及多数人的想法，有的时候就算明明不需要，也可以去请教请教前辈，和同事们聊聊天，套套近乎。他们心气平了，就不会找你的麻烦了。

朋友的一番话让他豁然开朗。“要顾及多数人的想法”，这个想法远比那种“受了伤害就要报复”的想法高明得多。有人说：“多思是优点，但多心则是缺点；怀疑并非全无必要，但猜疑则是越少越好；敏感是需要称赞的，但过分敏感则会使人脆弱。”的确是这样。职场虽如战场，但同事并非敌人，说到底，有多少人心是险恶的呢？也许他的不通人情真的令前辈伤心、同事反感，所以他们在领导面前有意无意的唠叨才会造成领导对自己的恶感。于是，他开始有意识地改变工作作风，既专注于本职工作，又注意维护人际关系，这样一番努力，他的职场生活果然顺畅了许多。

说到底，在和人相处时，要牢牢把握住“顾及”二字：既要顾及前辈的心，又要顾及同事的心，更要顾及领导者的心，一方面用警觉筑起一道防洪防涝防伤害的基线；另一方面，再用顾及建一座暖心暖脾暖肺的小花园，这样才能在生活中看得透、“玩”得转、吃得开。

5 归零，清零

你不倒空你的生命之杯里满盛的东西，怎么能再盛新的东西呢？无论是被动归零，还是主动清零，都是命运替自己吹奏一曲重新开始的序曲。

从小时候起，就经常听到一句很棒的豪言壮语：“过去的失败并不可怕，让我们一切从零开始。”这“从零开始”四个字，一般情况下，如果不是新鲜人和新鲜事，它的背后就必定有一个既成事实，那就是一夜之间，损失了原本拥有的一切。

《士兵突击》里有一个成才，在家乡下榕树的时候，就是个人尖子；当兵后在钢七连，脑袋灵光，又混成“骨干”；通过选拔进入A大队，也是处心积虑，处处争强好胜——他也有争强好胜的资本。所以这个年轻人，你什么时候看，都是嚣张的、浮躁的、争强好胜的。他的眼神里，总有一点跳跃不定的光。若是放在武侠世界，大侠们都是深藏不露，他则是少年侠气，露不藏深。直到他没有通过A大队设置的最后考验，被毫不留情地打回原部队，去以前许三多待过的那个荒凉的、被人遗忘的地方看守驻训场，这算是败了，一败涂地。

他学会了趴在草原上，将一个几十元的民用瞄准镜绑在突击步枪上，一连几个小时地向远处望，或者看屎克螂滚羊粪蛋。他并不知道，这种他以前并不具备的静气，正在慢慢地涌起，笼罩他的全身。直到有一天，他这个从发配回来后极少再接触实弹的人和师侦营比枪，师侦营的战士们都是一触即发的紧张，只有他全身放松，枪就顺在腿边，而不是握在手里。只是当啤酒瓶子飞起的一瞬间，他动如脱兔，瞄准击发。酒瓶应声碎裂，其他人诧异地看着他，就像看着外星人。可是在他的眼里再也看不见当初的得意和张狂，始终是静水流深的淡定。

他成了。

《道德经》有段话：“重为轻根，静为躁君……轻则失根，躁则失君。”年轻人跳脱飞扬，挥洒青春，与青春相伴的，是骄傲和浮躁的灰尘。长大其实是一个过滤和添加的过程，过滤掉轻狂，在人生的底色上添上静和重。哪怕是失去一切之后的从零开始，这种被动地过滤和添加，结果好，也是好的。

近些年，我们又常说一个词“归零”。这本是计算器的一个按键，无论你是计算出几百几千几万上亿，一按这个键，瞬间变成零。如果用在我们自己的人生当中，则是将过往所得，自己主动地一笔抹除，以“从零开始”的心态，开始一段全新的人生。

李叔同是个了不起的人，他“二十文章惊海内”，而且作诗、填词、书法、绘画、篆刻、音乐、演戏，无一不会，无一不通。他的名气大到鲁迅、郭沫若也以得他一幅字为无上荣耀。我小时候极爱一首歌：“长亭外，古道边，芳草碧连天。晚风拂柳笛声残，夕阳山外山……”原来就是他作的《送别》。这样的歌分明就是诗，他的诗又怎么可能不好：“梨花淡白菜花黄，柳花委地芥花香，莺啼陌上人归去，花外疏钟送夕阳。”他给友人夏丐尊的画随便题两句话，就是精致到了极点的小散文：“屋老。一树梅花小。住个诗人，添个新诗料。爱清闲，爱天然；城外西湖，湖上有青山。”（《为题小梅花屋图》）

他有才如斯，且又夫妻美满，声望隆厚，是羡煞旁人的好生活。谁知道他却把这一切统统归零，入了佛门。

一入佛门，以前种种，譬如昨日死，今后种种，譬如今日生。以前他剃了须，裹了腰，在舞台上扮茶花女，如今却是面容清癯，眉目疏淡的老和尚。书法倒是依旧写，却是到了另一重境界，如叶圣陶评价他晚年的书法：“就全幅看，好比一位温良谦恭的君子，不亢不卑，和颜悦色，在那里从容论道。……毫不矜才使气，功夫在笔墨之外，所以越看越有味。”不信你看他的“华枝春满，天心月圆”，那样白朗疏淡，随遇而安，就像一道虹敛去七彩，化身白气，藏于天地之间。不是字变，是他的心变了，人变了。从繁花满枝，到无叶的枝柯映着深蓝天幕上的月亮，“刊落锋颖，一味恬静”。

如果说“从零开始”是一种被动的剥夺，归零则是主动去砍砍砍。这份心态，真勇敢，着实令人欣羡和敬仰。

我的朋友老李很有才华，年纪轻轻便加入省作协，意气飞扬，走到哪里都是一代天骄的模样。可是现在快五十岁了，仍旧半黑不红。他骂领导打压，骂同事倾轧，骂社会不公，却不晓得他当初太狂，招人忌恨，如今又拼命喝酒，醉后睥睨众人，更让别人不爽。与此同时，从年轻到现在，他的一颗心始终未曾有机会得到沉淀与安定，一帆风顺时一颗心也飞到半空，遇到挫折一颗心便跌落谷底。这样来回折腾，哪还有余力去读书、写作、养静？才气对于他来说，其实早已不是资本，而是负担，搞得他既不甘于平凡，又不得不平凡，于是人也变得浮躁轻狂，失去根底，像一株木理粗疏的泡桐树，不堪大用。他的问题，就在于总是躺在成绩上睡大觉，留恋过去的辉煌，别人无法替他清零，他也无法主动归零。

不能提倡所有人都像李叔同那样做，毕竟我们不是他。不过，短期清零还是可以的。哈佛大学校长有一年向学校请了三个月的假，出门“流浪”，只身去了美国南部的农村，到农场去打工，去饭店刷盘子。在田地做工时，背着老板吸支烟，或和自己的工友偷偷说几句话，都是前所未有的愉悦。一次他在一家餐厅找到一份刷盘子的工作，干了四个小时，老板嫌他刷得慢，把他解雇了。他重新做回他的大学校长，觉得日常普通的工作变得全然不一样了，多年的工作倦怠都被清理掉了，生活变得好新鲜啊。

说到底，明智的生活态度，就是提醒自己反复做一个动作：清零。一步一步走，一步一步扔。走出来的是路，扔掉的是负重。

古时候，一个人拜访一位老禅师，想参研佛法。老禅师接见他，他在那里口若悬河，滔滔不绝，大讲佛门道理。老禅师态度恭敬，替他倒茶，明明杯子已经满了，老禅师还不停地倒，水洒了一地。他说：“大师，杯子已经满了，您怎么还倒？”大师说：“是啊，既然已满了，你不倒空你的杯，我怎么替你装满我的水？”

就是这个道理。你不倒空你生命之杯里满盛的东西，怎么能再盛新的东西呢？无论是被动归零，还是主动清零，都是命运替自己吹奏的一曲重新开始的序曲。

同样是老太太，大部分老太太都开始替自己料理后事的时候，胡达·克鲁斯老太太却在70岁开始学习登山，并以95岁高龄登上了日本的富士山，打破了攀登此山年龄最高的纪录。这份归零的心态，真是了不起。还有球王贝利，共参加过1 364场比赛，踢进1 282个球，当他个人进球记录满1 000个时，有人问他：“您哪个球踢得最好？”贝利说：“下一个。”看，连老人和球王都是如此，我们有什么理由在归零的时候怨天怨地，又死抱着过往不肯从零开始？

6 世界在心里

我们每个人看似活在一个由地、火、水、风组成的物质世界里，其实物质世界只不过给搭了一个布景，我们在这个布景里活动，却是真正活在自己的是非观里，活在自己的心里。

冰心在1921年曾经写过一篇文章，题目叫“是非”：

“我所以为‘是’的，是否就是‘是’？我所以为‘非’的，是否就是‘非’！不但在个人方面，没有绝对的‘是非’；就是在世界上恐怕也没有绝对的‘是非’。

在我以为‘是’的，在他又以为‘非’；这时代里以为‘是’的，在那时代里又以为‘非’；在这环境里以为‘是’的，在那环境里又以为‘非’，在这社会里以为‘是’的，在那社会里又以为‘非’；是非既没有标准，各是其是，各非其非，于是起了世上种种的误会，辩难，攻击。

是抛弃了我的‘是’，去就他的‘非’呢？还是叫他抛弃他的‘是’，来就我的‘非’呢？去就之间，又生了新的‘是非’的问题。

‘是非’是以‘良心’为标准么，但究竟什么是‘良心’？

以‘天理’为标准么，但究竟什么是‘天理’？又生了一个新的‘是非’的问题，只添给我们些犹疑，忧郁，苦恼。‘是非’的问题，便是青年时代最烦闷的问题中之一。’”

岂止是青年时代，我们一辈子都为这个“是非”问题说是道非。

可是，你说，世界上什么是好的，什么是坏的？什么是幸福，什么是不幸？什么是应该，什么是不应该？有一个准确的标准吗？

我们通常都喜生而恶死，生不由我们做主，说生就生出来了；死呢，在外人看来的悲剧，说不定是当事人求之不得的喜剧呢。我们通常都以瘦为美，可是有的人想胖胖不起来，也苦恼得很。我们通常都觉得钱多是“洗具”，钱少是“杯具”，可是富翁的日子好过吗？他被人前呼后拥的时候，心里不定转悠着什么样的烦心事呢。

所以我们每个人看似活在一个由地、火、水、风组成的物质世界里，其实物质世界只不过给我们搭了一个布景，我们在这个布景里活动，却是真正活在自己的是非观里，活在自己的心里。

今天早晨上班，太阳照旧很好，与前几日并无什么不同；可是前天我觉得愉悦，昨日觉得轻松，今天却觉得郁闷。天气还是那个天气，我的心却给它蒙上了不同的色彩。世界上发生的事件那么多，其实事件也不过是单纯的事件，无所谓好坏，说好论坏都是我们的心给它们蒙上的色彩，就好比说同样是伸手不见五指的黑夜，谈恋爱的人会说："真浪漫！"而走夜路的人会吓得心怦怦跳。

其实这个社会没有绝对的对与错，是与非，只是说，你的世界在你的心里，你的心有多大，世界就有多大；你的心有多宽，格局就有多宽。你的心里装满阳光，世界再阴风黑雨也没关系；你的心里充满晦暗，世界再阳光明媚也无济于事。

撇开这么抒情的说法，也许我们需要学会尽量不带观点地看世界，看到一个人、听到一件事的时候，不去评论这样是对的，或是不对的。当我们不自觉地下了判断，不妨再从相反的判断出发，把这个人、这件事重新看一遍。这样一正一反，求个平衡，渐趋客观。

客观看世界的好处就在于能够不偏不倚，若困在小小的

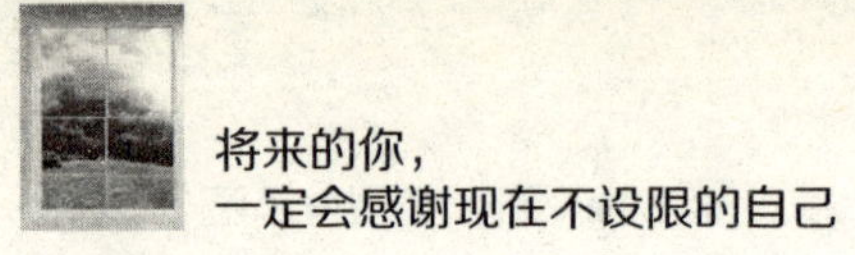

观点里出不来，你的心就被或左或右的小观点收缩得只有一点点大了。当我们觉得坏事发生的时候，先问问：这件事是真的坏吗？它坏在哪里？它伤害到谁了吗？它有好处吗？它的好处在哪里？有多少人因之而得益？若它真的是坏事，我们该做些什么事来改善、来制止？

三十来岁的时候，由于讲课太多，我失了声，不能上课，无比痛苦。后来无意中开始读吴言生的“禅学三书”，就是讲禅的事，可以说它对我起了精神启蒙的作用，让我看到了一个别样的世界，这个世界里的东西是我以前想不到的，现在我看见了，我看世界的角度也发生了改变，原先让我感觉很痛苦的事情也没那么痛苦了。再后来，我意识到，所谓的宗教，其实也不过就是一种角度，看世界的角度。世界没变，外在的经验没变，但是，心变了，世界也就变了。

外面的世界不值得过分关切，而内心的经验，需要睁大眼睛去看，看它的风霜雨雪，柳绿花开。

我们最憧憬的是“我的生活我做主”，可是，外在的生活，很少能由得自己做主，对于生活的主控权，不过是对于心的主控权。把它交给别人，交给外界，交给丈夫儿女，交给父母亲人，交给仇人路人，自己都算是输。自己的心自己作主，自己决定何时快乐、何时悲伤，别人都悲伤的时候，你可以快乐，或者别人觉得你应该悲伤的时候，你却可以觉得快乐，就好比庄周的鼓盆而歌，别人觉得你傻的时候，你却觉得自己很聪明，比如陶渊明的挂冠归里。这样，能够无视别人的生活经验和价值标准，追求自己的世界，完善自己的世界，你对生活的主控权，也就掌控了。

有一个僧人被请到金碧辉煌的宫殿讲经说法，有人讽刺他，和尚还贪慕繁华吗？他说，在你们的眼里是繁华，在我的眼里和泥舍草棚无区别。我们觉得弘一大师弃家舍业托钵苦修是在受苦，可他不觉得自己在受苦。日本的良宽禅师住草庐，吃糙米，打柴，沉思，他也不觉得自己是在受苦。真正的大师无论到了哪一重境遇，于他来说都不是受苦——大师们从来没有抱怨过自己在受苦，不是因为他们有修养，咬牙捱苦，苦死也不说苦，而是他们真的没有在受苦，而是在享受幸福。他们活在自己的内心世界里，获得了对生活的主控权。

7 永远有希望

人心真的是十分执拗的东西，它知道它想要什么，知道它得到了什么会快乐，而且知道最终会所得即所想。所以日子虽然辛苦，也是有泪可落的悲凉，而非无泪可流的绝望。

瘫痪的老爹从床上摔下来，我一个女人，背也背不动，抱也抱不动，没办法只好替他围上被子，揽着他坐在地板上——冬月寒天，我刚恢复单身时间不长。

人到中年，咬碎牙齿往肚里咽。

一肚子委屈，跟一个朋友讲——一个三十多岁的男子汉，本来房子也有，车也有，工作也有，结果他把自己的小房子抵押变现，辞职和朋友合伙做生意，谁想人心难测，生意还没开始，朋友卷包跑了。于是他的房子没有了，车子也卖掉还债了，他跑到建筑工地给人打工。

我问他苦不苦，他说有什么苦能难住年轻潇洒、风流倜傥的本帅我呢?

他说这话的时候，老婆也已经跟人跑得没影了。

众叛亲离。

手无寸铁。

——这话也不对。还有一把垒砖的瓦刀，被他挥舞得虎虎生风。

然后他跟我讲，给他打下手的是一个五十四岁的老女人。只有一米五的个子，黑瘦黑瘦的一个人，围着大头巾，只露出两只眼睛，一边搬砖和泥，一边讲荤素不忌的笑话，大家笑得肚子抽筋。她有两个儿子，一个女儿。大儿子结婚了，在北京工作；小儿子还在念中学，这个年纪正拼命花钱；女儿刚参加工作，挣钱不多，还得当妈的时常接济着。她上面还有自己的父母公婆。

想想都替她怕得慌，这么重的生活担子，不明白她为什么这么坚强。

她常跟人讲，希望大儿子在北京能生活得更好，能够攒钱买房；希望女儿的工作更好，能嫁个好婆家，老公疼她；希望小儿子能上好学，将来找到好工作，娶一个好姑娘，再生一个大胖孙子给她抱；希望赡养完几位老人后，她能退休，好好享受天伦之乐。

是的，希望。

这个词很关键。

把小狗关在家里，主人回来的时候，它高兴得上蹿下跳，以为主人给它带来好吃的；带它出门打疫苗，它高兴得乱蹦乱叫，以为主人要带它去玩；大家都坐在餐桌边，它也在餐桌下边蹲着，尾巴摇得老欢，觉得主人会给自己丢下一只鸡腿啃，虽然主人从来没有这么做过，它却老是这么高兴。是希望让它高兴。

《红楼梦》里的贾母，身为百年大家族的最长者，坐在至高的尊位，穿的是一斗珠的羊皮褂子，坐的是锦茵蓉蕈，喝的是老君眉的茶，吃的是精工细作出来的茄鲞、野鸡崽子汤和叫得出名字与叫不出名字的山珍海味。可是她去听戏，听到《南柯梦》就觉得刺心，因为怕荣华富贵如南柯一梦，转眼成空；听说大儿子要纳她身边的大丫头为妾室，就震怒，因为怕儿孙谋算她的财产。

她的生活华丽安稳，是人人都敬怕的老封君，穿的是锦衣，吃的是玉食，心里却裹着恐惧，害怕一梦做醒，满手抓的黄金变成土。

和她形成鲜明对比的是刘姥姥，一个老寡妇，没有家业，依靠女儿女婿过生活。穷得没饭吃，跑到贾府求人情，凤姐赏给她二十两银子——这银子是人家给丫头做衣裳的，她就喜欢得浑身发痒。一辈子没有吃过好饭，喝过好茶，穿过好衣裳，也没有坐过好车轿，更没有被那么多红男绿女、珠光宝气围绕着，那么大岁数了，还得下地干活，一脚踩不稳，摔倒了拍拍土爬起来，没事儿人似的。这么一个穷苦老婆子，进了贾府，眼都看花了，吃起东西来没够，还猛喝人家的酒，不光被小姐公子嫌弃，就连丫头们都笑话她。可她却是乐呵呵的，还讲笑话，把贾府的公子小姐、封君诰命逗得前仰后合的。在贾府人的眼里，这个人实在命如草芥，穷得看不见头，可是她就那么一天天乐呵呵地过下来了。

虽然“希望”这个词她不会说，可她就是觉得日子是越过越好。

一个日本故事，讲的是剑道高手宫本武藏，一次随一群人去一个叫吉野的艺伎家里喝酒。艺伎从炭笼中取出切好的一尺左右的细木柴放进火炉子里。才四五根的细柴薪，就把房内照耀得如同白昼，火焰就像风中的红牡丹，紫金色的火光交织着鲜红的火苗，熊熊地燃烧，整个屋子都弥漫着由柴火中飘出的香味。

有人好奇地问：“你添加的柴火到底是什么树枝呢？”

她回答：“是牡丹树。”

原来，在她的住所周围有一个牡丹园，有好几株牡丹树已经有百年以上的历史，每年冬天都要砍去枯枝，好让它来年生出新芽。砍下来的短枝扔到火炉里燃烧，柔和的火焰美丽极了。它不但没有熏眼呛人的烟雾，而且能散发出怡人的清香。不愧是花中之王，即使成为柴薪也与杂木不同。一朝身为牡丹，枯柴亦有芳香。

刚拒绝了一个人的求婚。他说他可以当带工资的司机和男保姆，只要能够嫁给他，可是没用——我还是想要两情相悦的感情。所以宁可现在苦一些累一些，也希望能够遇见真正喜欢的人。如果遇不见，就一直等，如果等不到，就一直单身。我不凑合。人心真的是十分执拗的东西，它知道它想要什么，它知道得到了什么会快乐，而且知道最终会所得即所想。所以日子虽然辛苦，也只是有泪可落的悲凉，而非无泪可流的绝望。

那个搬砖的大姐，上当受骗、“沦落”为民工的朋友，他们也都是因为有希望，所以才能够快乐和坚强。还有许许多多平凡的人，过的是平平凡凡的日子，却是天天都怀揣着希望。真的，在他们眼里，日子是一天天过着，可又不是日复一日地重复过生活，不光太阳每天都是新的，就连每天的空气闻起来都跟昨天不一样。

西方神话中，普罗米修斯为人类盗取火种，惹恼天神宙斯，宙斯就创造出一个叫作潘多拉的女人，让她下凡报复人类。宙斯把她送给普罗米修斯的弟弟伊皮米修斯，伊皮米修斯接受了她。举行婚礼的时候，众神各将一份礼物放在一个盒子里，送给潘多拉当礼物。潘多拉打开了盒子，诸神送给她的礼物一股脑都飞了出来，有瘟疫、忧伤、灾祸，等等。潘多拉怕极了，赶紧盖住盒子，留住了“希望”。幸亏留下了它，所以人类自从诞生，就是在不断地受苦、被折磨，可是心中总有希望。人间也正是因为有希望，才有那么多生命把自己活成一株牡丹的模样，哪怕成为一根枯柴，也散发出牡丹的芬芳。

跋：过这样一种生活

长久以来，我一直梦想着，能够过上这样一种生活：

摆脱激情和欲望，心灵冷静而达观。痛苦和不安只从内心生发出来，也只从心灵深处消除，而消除它们最初也许要用一年，用数个月，渐渐只用几天，甚至是一天，几个时辰，甚至痛苦和不安一经生发，即告消散，就像水滴落进炽热的火炭。

既坚持劳作，又退隐心灵，保持精神一隅的宁静。

让思想严肃、庄重而纯真，让生命甜美、忧郁和高贵。

学会沉默，因为没有太多闲暇。学会尽义务，爱孩子，爱爱人，爱父母，爱他们甚过爱那些所谓紧迫的事务。

既不被别人左右，也不去左右别人。

不奇怪，不惊骇，不匆忙，不拖延，不困惑，不沮丧。不用笑声掩饰焦虑，对幸运的事情不推辞，不炫耀，毫不做作地享受，失去也不渴求。

一日之始，即意味着将会遇见好管闲事的人、忘恩负义的人、傲慢的人、欺诈的人、嫉妒的人、孤僻的人，但是，不要恨，要怜悯，因为我们知道善恶而无力选择善，知道美丑而不觉己身丑。

每时每刻都要思考，以摆脱别人的思想，也不把幸福寄予别的灵魂。不去注意别人心里在想什么，像往泥里钻的葡萄根，而注意自己心里在想什么。不让自己的心声寂寞地说出来，又寂寞地消散，要听得懂你的灵魂在唱歌。

不因为想得到，所以去伤害，因为因欲望而引发的罪恶比因失去而引发的罪恶更罪恶。

不摧残灵魂，不脱离本性，不因为被排斥和被攻击而愤怒，不过于欢乐和痛苦，不言行不真诚，不做事不加思考。

不怕死，因为死合乎本性，所以死不是罪恶；而怕生命消散之前，对事物的观照和独有的理解如雪冰消。

尊重自然，花正开放，果实腐烂之后却留香，谷穗低垂，猫跳跃，小鱼在水里游动。尊重自然会使心灵愉悦。

不因装得有学问而丧失自己的思想，不喋喋不休和忙忙碌碌，让嘴巴空闲下来，身体如果有可能的话，也不必转动得像陀螺。

知道安宁不是别人给的，知道没人可以随心所欲，知道被称赞，被仰望，被逢迎，不等于被接受，被喜爱，被尊敬。既然被接受、被喜爱、被尊敬都比不过心灵的自足重要，那么被称赞、被仰望、被逢迎更没什么大不了，被仇视、被轻蔑、被诋毁，更没什么大不了。

保有野心，妄想保持完整的灵魂。

没有奴性，没有诈伪，不太紧密地束缚和被束缚，又不太疏离地分离和被分离。心灵的磨炼好比在树身上揭皮，心灵的净化好比在血里提纯，两者既痛苦又必要。

尊重自己的意见和看法，尊重自己产生意见和看法的能力，也尊重别人产生意见和看法的能力，只要它从心而发。

保持心灵的圣洁和纯净，仿佛你从宇宙间借来一块黄金，最终还要原样奉还。

抓紧今日起所有的日子，不游荡，不枉费，现在就读以后想读的书，因为怕到了晚年就没有了精力，记忆力也会衰退。自己帮助自己，不把希望寄托在他人身上，就像不拿细缆绳牵住一叶扁舟，怕风大雨大，会把它刮走。

别人的调情不要理，因为他们对一千个人说同样的话，却努力让你觉得你是唯一的那一个。

隐退。不是从城市隐退到乡村，从广厦隐退到茅居，山林海滨之地也不是隐退的目的地，隐退是为得宁静，而宁静不过是心灵的井然有序。

有人赞扬你，看看他是什么样的人，看看他对你的赞扬是多么狭隘，然后让你的心灵安静下来。时间无尽，你和赞扬你的人却马上就消失了，想到这里，有什么好得意？

有人伤害了你，把“我受到伤害”这个抱怨丢开，然后你会发现，伤害也不存在了。

不因为错待了你的人往左看，你就往右看；也不因你崇敬的人往左看，你就往左看，那都是不公平的，按人和事的本来面目去看待人和事。

既然活不了一千年，就不像将要活一千年那样行动；即使能活一百年，也只像能活一年那样行动。

沿着正直的道路前进，不环顾别人的歧途曲径，避免烦恼倍生。

不害怕死亡，不贪图赞誉，因为死亡会毫不掺假地降临，赞誉却有时会不分青红皂白。生前事和身后名，哪个更重要？

与宇宙和世界和谐的东西，也要与我和谐，与宇宙和世界恰如其时的事，于我也是恰如其时。我闻花香，像花一样盛开，吃果子，像成熟的果实一样发出香气，我也是自然的一枚果实。

只做必要的事情，必要的事情总是很少，做完之后可以有足够的时间沉思。

有人对你行恶，有什么事在你的身上发生，那必是千百年来宇宙和世界专为你织就的一件因果衣，代表着冥冥中存在的秩序。

从自身汲取力量和精神，不依靠他人。

不成为任何人的暴君，不成为任何人的奴隶。

人们代代婚育、生病、死亡、交战、饮宴、贸易、耕种、奉承、自大、多疑、阴谋、诅咒、抱怨、恋爱、聚财、欲求王者的权力，然后代代不复存在。日光之下并无新事，所以不过分关注小事。

既已不久人世，努力朴素单纯。

像王者一样沉思。

你不是单纯一个身体，你是一个带着躯体的小小灵魂。

做悬崖边的石头，被大浪击打，到最后，却驯服了狂暴的海浪。

盘点过去，看你忍受过多少困难，见过多少美丽的事物，蔑视过多少快乐和痛苦，对多少心肠不好的庸人表示过和善，然后走正确的路，正确地思考和行动，在幸福的平静流动中度过一生。

以保有安妥无恙的灵魂为最大幸运。

报复伤害你的人，不是变成像他那样作恶的人，而是不变成像他那样作恶的人。

尽量无视环境，不断回到自身，和不好的环境也能达到较大的和谐。

体重和生命的长度都是分派好的，所以不企图改变命定的份额，不增肥，不减重，不因为想长寿而做很大的努力，吃很多的药。

不随便发表意见，因为你并不会确切了解事物的前因后果，轻易之间，也许就会盲目定一个人的罪，同时扰乱自己的灵魂。

不因未来的事困扰现在的你，假如它必然发生，那就无法阻挡，假如它未必发生，就是杞人忧天。

不横眉立目，不蹙眉苦愁，因为这样的神态都是不自然的，会丧失天然的美丽清秀。

不加入别人的哭泣，不有太强烈的感情，具备强大的理智和清醒。

少些纷争，眼里有缩微的世界，少些尘世的芜秽荒杂。眼光更高远，灵魂才更自由。

看人，看人们的聚集、军事、农业劳动、婚姻、谈判、生死、法庭的吵闹、不毛之地、各种野蛮民族、饮宴、哀恸、市场，努力让自己的眼光像上帝。

防止傲慢，超越快乐和痛苦，不热爱虚名，不为忘恩负义的人烦恼。如果有力量，就做当做的事；如果没有力量，就不责怪自己或者责怪别人。

对人说话恰当，不矫揉造作，言词简明扼要。

果子坏了，扔掉它。脚上有刺，拔了它。不去问个不停：果子为什么坏掉，脚上为什么会有刺。

行动要敏捷，谈话要有条理，思想要有秩序，灵魂内部要和平，生活宁静而有余暇。

不去作恶，也不让别人的恶行影响自己。

不悲叹，不不满。

不相互蔑视，不相互奉承，不一方面希望自己高于别人，另一方面又匍匐在别人面前。

不对的，不做；不真的，不谈。

这样的生活，纵使要想过上难了一些，可是努力去做，总能够突破一些局限，使心灵多得宽阔，日子增色，生活轻松安乐。若能够如此，这本书，也算是写得值了。